MATHEMATICAL & LOGICAL PUZZLES

GEORGE SUMMERS

数学思维训练营

乔治·萨默斯的趣味数学题

[美] 乔治·J·萨默斯 著

林自新 译

上海科技教育出版社

图书在版编目(CIP)数据

乔治·萨默斯的趣味数学题/(美)乔治·J·萨默斯著；林自新译. —上海：上海科技教育出版社，2019.8
(2024.2重印)
(数学思维训练营)
书名原文：New Puzzles In Logical Deduction
ISBN 978-7-5428-7038-4

Ⅰ. ①乔… Ⅱ. ①乔… ②林… Ⅲ. ①数学—普及读物 Ⅳ. ①01-49

中国版本图书馆CIP数据核字(2019)第145929号

目录

Contents

序言

问题 答案

问题 答案

问题　答案

序言

Introduction

本书中的趣题，都被写成“到底是谁干的”之类的短小谜案。每道趣题提供了若干线索，要求读者，或者说“侦探”，根据这些线索在一些不同的对象中判别出哪一个是题目要求寻找的对象(或者继续上面的比喻，在一些可疑分子中判定哪一个是真正的罪犯)。在这些趣题中，有些是真的要你去查出一个罪犯，但是绝大多数趣题只涉及基本上属于守法的公民或者纯粹的数字。

解答这些趣题的一般方法是：在每道趣题末尾提出的问题中，陈述了要寻找的对象所必须满足的一个条件。例如，“四支棒球队中的哪一支球队——野猫队、红猫队、美洲狮队，还是家猫队夺得了锦标？”就是把“夺得了锦标”规定为一个条件。题目中的线索也或明或暗地规定着各个“可疑分子”所必须满足的条件。“侦探”要做的事，是发现全部的条件，然后判定哪一个——而且是唯一的一个——“可疑分子”，能够满足问题中陈述的条件。

趣题按先易后难的原则顺序排列，因此如果一位读者从第一道趣题开始，循序而进，他会发现自己居然有能力解决那些对他来说原本难得无法解决的趣题。为了给钻进死胡同的读者提供帮助，每道趣题都附有“提示”——倒排在书页底部——用意是将读者的思路引向正确的方向。

在这100道趣题中，大部分并不要求读者具有专门的知识。有些题目涉及一些数字，但并不需要代数知识。在“女主人”、“梅花圈”和“第十圈牌”中，游戏规则是根据桥牌的打法，但是解答这三道趣题并不要求你懂得怎样打桥牌。

有小部分趣题需要用到简单的初中代数知识。

乔治·J·萨默斯

1. 昨天火腿，今天猪排

阿德里安、布福德和卡特三人去餐馆吃饭，他们每人要的不是火腿就是猪排。

（1）如果阿德里安要的是火腿，那么布福德要的就是猪排。

（2）阿德里安或卡特要的是火腿，但是不会两人都要火腿。

（3）布福德和卡特不会两人都要猪排。

谁可以昨天要火腿，今天要猪排？

提示：判定哪些人要的菜不会变化。

2. 六个A

在这下面两个加法算式中，每个字母都代表0～9的一个数字，而且不同的字母代表不同的数字。

$$\begin{array}{cccc} & A & A & A \\ & B & B & B \\ + & C & C & C \\ \hline F & G & H & I \end{array} \qquad \begin{array}{cccc} & A & A & A \\ & D & D & D \\ + & E & E & E \\ \hline F & G & H & I \end{array}$$

请问A代表哪一个数字？

提示：判定A+B+C和A+D+E的值。

3. 缺失的数字

在下列加法算式中，每个字母代表0～9的一个数字，而且不同的字母代表不同的数字：

$$\begin{array}{r} A\ B\ C\ D \\ +\quad B\ C\ D \\ \hline E\ F\ G\ H\ I \end{array}$$

请问缺了0～9中的哪一个数字？

提示：从A、E和F的值判定B的可能值；然后判定从C+C是否进位。

4. 医务人员

“医院里的医务人员，包括我在内，总共是16名医生和护士。下面讲到的人员情况，无论是否把我计算在内，都不会有任何变化。在这些医务人员中：

(1)护士多于医生。

(2)男医生多于男护士。

(3)男护士多于女护士。

(4)至少有一位女医生。”

这位说话的人是什么性别和职务？

提示：确定一种不与题目中任何陈述相违背的关于男护士、女护士、男医生和女医生的人员分布情况。

5. 科拉之死

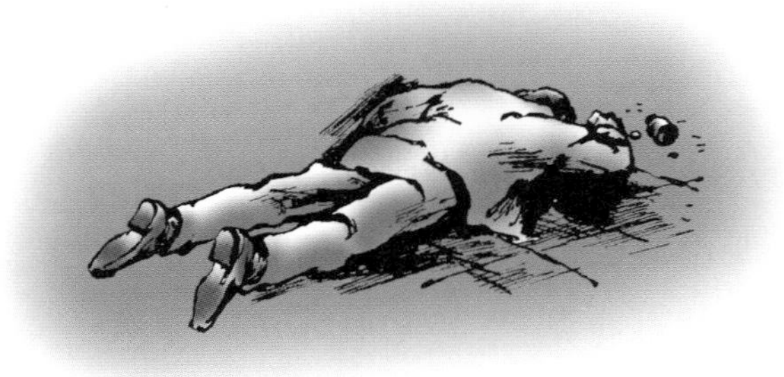

科拉死了，是中毒死的。为此，安娜和贝思受到了警察的传讯。

安娜：如果这是谋杀，那肯定是贝思干的。

贝思：如果这不是自杀，那就是谋杀。

警察进行了如下的假定：

（1）如果安娜和贝思都没有撒谎，那么这就是一次意外事故。

（2）如果安娜和贝思两人中有一人撒谎，那么这就不是一次意外事故。

最后的事实表明，这些假定是正确的。

科拉的死究竟是意外事故，还是自杀，甚至是谋杀？

提示：根据安娜的供词是真是假，判定科拉之死的性质；然后判定警察的哪个假定能够适用。

6. 第二次联赛

艾伦、巴特、克莱、迪克和厄尔每人都参加了两次网球联赛。

(1)每次联赛只进行了四场比赛：

艾伦对巴特　　艾伦对厄尔

克莱对迪克　　克莱对厄尔

(2)只有一场比赛在两次联赛中胜负情况保持不变。

(3)艾伦是第一次联赛的冠军。

(4)在每一次联赛中，输一场即被淘汰，只有冠军一场都没输。

谁是第二次联赛的冠军？

注：每场比赛都不会有平局的情况。

提示：从一个人必定胜的比赛场数，判定在第一次联赛中每一场的胜负情况；然后判定哪一位选手在两场联赛中都输了同一个人。

7. 瓦尔、林恩和克里斯

瓦尔、林恩和克里斯是亲缘关系，但他们之间没有违反伦理道德的问题。

（1）他们三人当中，有瓦尔的父亲、林恩唯一的女儿和克里斯的同胞手足。

（2）克里斯的同胞手足既不是瓦尔的父亲，也不是林恩的女儿。

他们中哪一位与其他两人性别不同？

提示：以其一人为瓦尔的父亲并进行推断；若出现矛盾，换上另一个人。

8. 见习医生的一星期

有三位见习医生，他们在同一家医院中担任住院医生。

(1)一星期中只有一天三位见习医生同时值班。

(2)没有一位见习医生连续三天值班。

(3)任两位见习医生在一星期中同一天休假的情况不超过一次。

(4)第一位见习医生在星期日、星期二和星期四休假。

(5)第二位见习医生在星期四和星期六休假。

(6)第三位见习医生在星期日休假。

三位见习医生星期几同时值班？

提示：判定星期日、星期二和星期四是谁值班；然后判定在题目中没有提到的三天中分别是谁休假。

9. 并非腰缠万贯

安妮特、伯尼斯和克劳迪娅是三位杰出的女性，她们各有一些令人注目的特点。

（1）恰有两位非常聪明，恰有两位十分漂亮，恰有两位多才多艺，恰有两位腰缠万贯。

（2）每位女性至多只有三个令人注目的特点。

（3）对于安妮特来说，下面的说法是正确的：

如果她非常聪明，那么她也腰缠万贯。

（4）对于伯尼斯和克劳迪娅来说，下面的说法是正确的：

如果她十分漂亮，那么她也多才多艺。

（5）对于安妮特和克劳迪娅来说，下面的说法是正确的：

如果她腰缠万贯，那么她也多才多艺。

哪一位女性并非腰缠万贯？

提示：判定哪几位女性多才多艺。

10. 被乘数首位变末位

在下面这个乘法算式中,每个字母代表0～9的一个数字,而且不同的字母代表不同的数字。有趣的是,把被乘数的首位数字移作末位数字,就变成了积。

$$\begin{array}{r} A\ B\ C\ D\ E\ F \\ \times \qquad\qquad\quad M \\ \hline B\ C\ D\ E\ F\ A \end{array}$$

M代表哪一个数字?

提示:选择M和A的值以判定其他字母的相应值。

11. 电影主角

亚历克斯·怀特有两个妹妹：贝尔和卡斯；亚历克斯·怀特的女友费伊·布莱克有两个弟弟：迪安和埃兹拉。他们的职业分别是：

	亚历克斯：	舞蹈家		迪安：	舞蹈家
怀特家	贝尔：	舞蹈家	布莱克家	埃兹拉：	歌唱家
	卡斯：	歌唱家		费伊：	歌唱家

六人中有一位担任了一部电影的主角；其余五人中有一位是该片的导演。

(1)如果主角和导演是血亲，则导演是个歌唱家。

(2)如果主角和导演不是血亲，则导演是位男士。

(3)如果主角和导演职业相同，则导演是位女士。

(4)如果主角和导演职业不同，则导演姓怀特。

(5)如果主角和导演性别相同，则导演是个舞蹈家。

(6)如果主角和导演性别不同，则导演姓布莱克。

谁担任了电影主角？

提示：根据陈述中的假设与结论，判定哪三个陈述组合在一起不会产生矛盾。

12. 史密斯家的人

有两位女士，奥德丽和布伦达，还有两位男士，康拉德和丹尼尔，他们每人每星期（从星期日到星期六）都有两天做健美操。在一个星期中：

（1）奥德丽在某天做了健美操后过五天再做健美操（即有四天不做，到第五天再做。下同）。

（2）布伦达在某天做了健美操后过四天再做健美操。

（3）康拉德在某天做了健美操后过三天再做健美操。

（4）丹尼尔在某天做了健美操后过两天再做健美操。

（5a）史密斯家的一男一女只有一次在同一天做健美操。

（5b）在其余的日子里，每天都只有一个人做健美操。

哪两位是史密斯家的人？

提示：判定两位女士可能在哪四天做健美操；然后判定在余下的三天中每天是哪位男士做健美操；最后在女士做健美操的四天中判定有哪一天一位男士也可做健美操。

13. 最短的时间

一天晚上，威尔逊、泽维尔、约曼、曾格和奥斯本五人沿着一条河岸分别扎下帐篷露营。翌日早晨，前四人都到奥斯本的帐篷碰头，然后各自返回自己的帐篷。

（1）威尔逊和泽维尔的帐篷在奥斯本帐篷的下游，约曼和曾格的帐篷在奥斯本帐篷的上游。

（2）威尔逊、泽维尔、约曼和曾格各有一艘汽艇；如果河水静止不动，每艘汽艇只用一个小时便可把主人带到奥斯本的帐篷。

（3）河流非常湍急。

（4）翌日早晨，四人驾汽艇抵达奥斯本帐篷所花的时间，威尔逊是75分钟，泽维尔是70分钟，约曼是50分钟，曾格是45分钟。

四人中谁花在往返路程上的时间最短？

提示：把每个人逆流而上和顺流而下所需的时间列成代数方程；然后解出各人返回自己帐篷所需的时间。

14. 应聘

奥尔登、布伦特、克雷格、德里克四人应聘一个职务，此职务的要求条件是：

高中毕业；

至少两年的工作经验；

退伍军人；

具有符合要求的证明书。

谁满足的条件最多，谁就被雇用。

（1）把上面四个要求条件两两配对，可配成六对。每对条件都恰有一人符合。

（2）奥尔登和布伦特具有同样的学历。

（3）克雷格和德里克具有同样的工作年限。

（4）布伦特和克雷格都是退伍军人。

（5）德里克具有符合要求的证明书。

谁被雇用了？

提示：画一张如右的表格，其中大写字母分别代表那四个人，g代表学历，w代表工作年限，v代表退伍军人，r代表有符合要求的证明书。然后，如果一个人满足某项要求，就在相应的格子中填上×；如果一个人不能满足某项要求，则在相应的格子中填上○。排除那些无人能满足某对要求的表格。

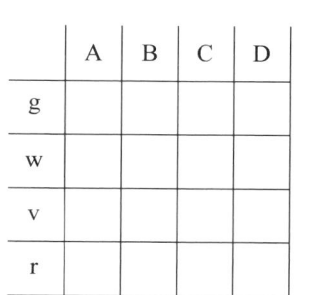

	A	B	C	D
g				
w				
v				
r				

15. “老处女”

多萝西、洛雷塔、罗莎琳三位女士玩一种叫“老处女”的纸牌游戏，其玩法是：(a)通过抽牌来配成对子；(b)尽量避免手中只留下一个单张，即所谓“老处女”。

游戏者轮流从别人手中抽牌，直到有一人手中只剩下一个“老处女”，此人便是输者。在抽牌后配成了对子，便打出这对牌。如果一个人从第二个人手中抽了一张牌并打出一个对子之后，手中已经无牌，则轮到第三个人抽牌时就从第二个人手中抽。

在一盘游戏接近尾声时：

(1)多萝西只有一张牌，洛雷塔只有两张牌，罗莎琳只有四张牌；这七张牌包括三个对子和一个单张，但任何人手中都没有对子。

(2)多萝西从另一人手中抽了一张牌，可是没能配成对。

(3)刚被多萝西抽走一张牌的那个人，接着从第三人手中抽了一张牌。

(4)没有一人两次拿着同样的一手牌。

(5)这一盘游戏自此在抽了五次牌(包括上面(2)、(3)这两次)后便告结束。

谁的手中留下了“老处女”？

提示：判定三个人手中的纸牌分布；然后判定怎样才能进行得既没有任何一人两次拿着同样的一手牌，又恰好经过五次抽牌便告结束。

16. 网球选手

有两位女士，艾丽斯和卡罗尔，还有两位先生，布赖恩和戴维，他们四人都是运动员。其中一位是游泳选手，一位是滑冰选手，一位是体操选手，一位是网球选手。有一天，他们围着一张方桌而坐：

(1)游泳选手坐在艾丽斯的左边。

(2)体操选手坐在布赖恩的对面。

(3)卡罗尔和戴维相邻而坐。

(4)有一位女士坐在滑冰选手的左边。

谁是网球选手？

提示：按姓名给出这四人的各种可能的坐法。然后确定可以把哪些运动项目分配给哪些人而不会与任何陈述发生矛盾。

问 题
questions

17. 三个 *D*

在下面的乘法算式中，每个字母代表0～9的一个数字，而且不同的字母代表不同的数字。

$$
\begin{array}{rrr}
 & & A \\
\times & C & B \\
\hline
 & E & D \\
G & F & \\
\hline
D & D & D
\end{array}
$$

请问 *D* 代表哪一个数字？

提示：请先判定111的整数因子。

18. 三个城市

阿灵顿、布明汉和坎顿韦尔这三个城市，它们的形状都呈长方形。

(1)每个城市沿边界街段(指两条平行街道之间的一段街道)的数目都是整数，而且市内街道总是都与沿边界的街道平行，并贯穿整个城市。

(2)沿城市北部边界的街段的数目，阿灵顿最少，布明汉比阿灵顿多3段，坎顿韦尔又比布明汉多3段。

(3)有两个城市，它们市内街段的数目，等于沿整个边界的街段的数目。

哪个城市其市内街段的数目不等于沿整个边界的街段的数目？

提示：列出表示一个城市沿整个边界的街段的数目的代数式和表示市内街段的数目的代数式，然后求出使两者相等的整数解。

19. 单张

多拉、洛伊丝和罗斯玩一种纸牌游戏，一共35张牌，其中有17个对子，还有一个单张。

(1)多拉发牌，先给洛伊丝一张，再给罗斯一张，然后给自己一张；如此反复，直到发完所有的牌。

(2)在每个人把手中成对的牌打出之后，每人手中至少剩下一张牌，而三人手中的牌总共是9张。

(3)在剩下的牌中，洛伊丝和多拉手中的牌加在一起能配成的对子最多，罗斯和多拉手中的牌加在一起能配成的对子最少。

单张发给了谁？

提示：判定给每个人发了几张牌以及每两个人手中的牌加在一起能配成的对子的数目。

20. 一轮牌

安东尼、伯纳德和查尔斯三人玩了一轮牌，其中每盘只有一个赢家。

（1）谁首先赢了三盘谁就是这一轮的赢家。

（2）没有人连续赢两盘。

（3）安东尼是第一盘的发牌者，但不是最后一盘的发牌者。

（4）伯纳德是第二盘的发牌者。

（5）他们三人围着桌子坐在固定的座位上，按顺时针方向轮流发牌。

（6）无论谁发牌，他发牌的那一盘都没赢。

谁赢了这一轮牌？

提示：判定总共玩了多少盘和谁赢了最后一盘。

21. 弗里曼先生的未婚妻

弗里曼先生认识埃达、比、茜德、黛布、伊芙这五位女士。

(1)五位女士分为两个年龄档：三位女士小于30岁，两位女士大于30岁。

(2)两位女士是教师，其他三位女士是秘书。

(3)埃达和茜德属于相同的年龄档。

(4)黛布和伊芙属于不同的年龄档。

(5)比和伊芙的职业相同。

(6)茜德和黛布的职业不同。

(7)弗里曼先生将同其中一位年龄大于30岁的教师结婚。

谁是弗里曼先生的未婚妻？

提示：确定哪几位女士的年龄小于30岁，哪几位女士是秘书。

问题 questions

22. 鼓手

有两位女士：阿琳和谢里尔。有两位男士：伯顿和唐纳德。他们都是音乐家：一位是钢琴手，另一位是小提琴手，第三位是长笛手，第四位是鼓手。有一天他们围着方桌而坐：

(1)坐在伯顿对面的是钢琴手。

(2)坐在唐纳德对面的不是长笛手。

(3)坐在阿琳左侧的是小提琴手。

(4)坐在谢里尔左侧的不是鼓手。

(5)长笛手与鼓手是夫妻。

谁是鼓手？

提示：按姓名给出这四人的多种可能的坐法，然后确定可以把哪些音乐专长分配给哪些人而不会与任何陈述发生矛盾。

23. 左邻右舍

奥斯汀、布鲁克斯和卡尔文三人住在一幢公寓的同一层上。一人的房间居中，与其他两人左右相邻。

(1)每人都只养了一只宠物：不是狗就是猫；每人都只喝一种饮料：不是茶就是咖啡；每人都只采用一种抽烟方式：不是烟斗就是雪茄。

(2)奥斯汀住在抽雪茄者的隔壁。

(3)布鲁克斯住在养狗者的隔壁。

(4)卡尔文住在喝茶者的隔壁。

(5)没有一个抽烟斗者喝茶。

(6)至少有一个养猫者抽烟斗。

(7)至少有一个喝咖啡者住在一个养狗者的隔壁。

(8)任何两人的相同嗜好不超过一种。

谁住的房间居中？

提示：判定哪些三嗜好组合可以符合这三人的情况，然后判定哪一个组合与住在中间的人相符合。

24. 姐妹俩

阿格尼丝、贝齐、辛迪、迪莉娅这四位女士在工作间歇去用了些咖啡点心，正在付款。

(1)有两位女士，身上带有的硬币各为60美分，都是银币，且枚数相同，但彼此间没有一枚硬币面值相同。

(2)有两位女士，身上带有的硬币各为75美分，都是银币，且枚数相同，但彼此间没有一枚硬币面值相同。

(3)阿格尼丝的账单是10美分，贝齐的账单是20美分，辛迪的账单是45美分，迪莉娅的账单是55美分。

(4)每位女士都一分不少地付了账，而且不用找零。

(5)有两位女士是姐妹俩，她们付账后剩下的硬币枚数相同。

哪两位女士是姐妹？

注："银币"是指5美分、10美分、25美分或50美分的硬币。

提示：先判定四种符合题意的持币情况，然后判定每人符合哪种情况。

25. 谁是医生

布兰克先生有一位夫人和一个女儿；女儿有一位丈夫和一个儿子。这些人有如下的情况：

（1）五人中有一人是医生，而在其余四人中有一人是这位医生的病人。

（2）医生的孩子和病人父母亲中年龄较大的那一位性别相同。

（3）医生的孩子

（3a）不是病人；

（3b）不是病人父母亲中年龄较大的那一位。

谁是医生？

提示：分别判定谁不可能是医生，谁不可能是病人；然后判定在某人是医生的情况下，谁不能是病人。

26. 乘积首位变末位

下面这个乘法算式中，每个字母代表0～9的一个数字，而且不同的字母代表不同的数字。有趣的是，把乘积的首位数字移作末位数字，就成为被乘数。

$$
\begin{array}{r}
B\ C\ D\ E\ F\ A \\
\times \qquad\qquad\quad M \\
\hline
A\ B\ C\ D\ E\ F
\end{array}
$$

***M*代表哪一个数字？**

提示：选择M和A的值以判定F和B的相应值，然后用已经确定的数值去判定余下字母的相应值。

27. 需要找零

阿莫斯、伯特、克莱姆、德克四人刚刚在一家餐馆吃完午餐，正在付账。

(1)这四人每人身上所带的硬币总和各为1美元，都是银币，而且枚数相等。

(2)25美分的硬币，阿莫斯有三枚，伯特有两枚，克莱姆有一枚，德克一枚也没有。

(3)四人要付的款额相同。其中三人能如数付清，不必找零，但另一个人却需要找零。

谁需要找零？

注：“银币”是指5美分、10美分、25美分或50美分的硬币。

提示：先判定每个人所带硬币的枚数，然后判定什么款额不能使四个人都不用找零。

28. 健身俱乐部

肯和利兹是在一家健身俱乐部首次相遇并相互认识的。

(1a)肯是在一月份的第一个星期一那天开始去健身俱乐部的。

(1b)此后，肯每隔四天(即第五天)去一次。

(2a)利兹是在一月份的第一个星期二那天开始去健身俱乐部的。

(2b)此后，利兹每隔三天(即第四天)去一次。

(3)在一月份的31天中，只有一天肯和利兹都去了健身俱乐部，正是那一天他们首次相遇。

肯和利兹是在一月份的哪一天相遇的?

提示：判定利兹是在肯之前还是之后开始去健身俱乐部的；然后判定肯和利兹是从哪一天开始去健身俱乐部的。

29. 李、戴尔、特里和马里恩

李、戴尔、特里和马里恩是亲缘关系，但他们之间没有违反伦理道德的问题。

(1)其中有一个人与其他三人的性别不同。

(2)在这四个人中，有李的母亲、戴尔的哥哥、特里的父亲和马里恩的女儿。

(3)最年长的与最年轻的性别不同。

谁与其他三人性别不同？

提示：要么母亲和女儿是指同一个人，要么父亲和哥哥是指同一个人。假定其中一种情况，继续进行推断。

30. 三个*J*

在下列的加法算式中，每个字母代表0～9的一个数字，而且不同的字母代表不同的数字。

$$\begin{array}{rccc} & A & B & C \\ & D & E & F \\ + & G & H & I \\ \hline & J & J & J \end{array}$$

J 代表哪一个数字？

注：假定*A*、*D*和*G*都不能为0。

提示：在*J*为某些特定值的情况下，判定每一列的可能的和；然后把这三个和与*J*相加，看看其总和是否等于45。

31. 指认罪犯

警察叫四个男人排成一行，然后让一位目击者从这四个人中辨认出一个罪犯。目击者寻找的男人，长得不高，不白，不瘦，也不漂亮，尽管这些特征中的任何一个都可能让人拿不准。

在这一排人之中：

（1）四个男人每人身旁都至少站着一个高个子。

（2）恰有三个男人每人身旁至少站着一个皮肤白皙的人。

（3）恰有两个男人每人身旁至少站着一个骨瘦如柴的人。

（4）恰有一个男人身旁至少站着一个长相漂亮的人。

在这四个男人中：

（5）第一个皮肤白皙，第二个骨瘦如柴，第三个身高过人，第四个长相漂亮。

（6）没有两个男人具有一个以上的共同特征（即高个、白皙、消瘦、漂亮）。

（7）只有一个男人具有两个以上的寻找特征（即不高、不白、不瘦、不漂亮）。此人便是目击者指认的罪犯。

目击者指认的罪犯是哪一个人——是第一个，第二个，第三个，还是第四个？

提示：判定在四个人排成的一行中，高个、白皙、消瘦、漂亮者的可能位置；然后判定每个男人的全部可能特征；最后，辨出只具备高个、白皙、消瘦、漂亮这四个特征中的一个男人。

32. 最小的和

在下面的三个加法算式中，每个字母都代表0～9的一个数字，而且不同的字母代表不同的数字。但是，每个字母在一个加法算式中所代表的数字，并不一定和它在其他加法算式中所代表的数字相同。

Ⅰ	Ⅱ	Ⅲ
$GALE$	$ELSA$	$NEAL$
$+NEAL$	$+GALE$	$+ELSA$
$ELSA$	$NEAL$	$GALE$

哪一个加法算式的和最小，是Ⅰ，是Ⅱ，还是Ⅲ？

提示：在每个加法算式中都有一个字母，它们的表现与同一个数字相关联。先确定这个数字，然后求出在每个加法算式中与它相关联的其他两个数字。说得更具体些，可将每个算式的右数第一列同其第三列加以比较。

33. 谁是凶手

阿伦·格林的妹妹是贝蒂和克拉拉；他女友弗洛拉·布朗的哥哥是杜安和埃德温。他们的职业是：

	阿伦：	医生		杜安：	医生
格林家	贝蒂：	医生	布朗家	埃德温：	律师
	克拉拉：	律师		弗洛拉：	律师

这六人中的一人杀了其余五人中的一人。

(1)如果凶手与受害者有亲缘关系，则凶手是男性。

(2)如果凶手与受害者没有亲缘关系，则凶手是个医生。

(3)如果凶手与受害者职业相同，则受害者是男性。

(4)如果凶手与受害者职业不同，则受害者是女性。

(5)如果凶手与受害者性别相同，则凶手是个律师。

(6)如果凶手与受害者性别不同，则受害者是个医生。

谁是凶手？

提示：根据陈述中的假设与结论，判定哪三个陈述组合在一起不会产生矛盾。

34. 骰子面的方位

正常的骰子，相对两面的点子数目之和总是7；就此而言，下图中的三只骰子是正常的。但是，从各个面的方位来看，其中有一只与其他两只不同。

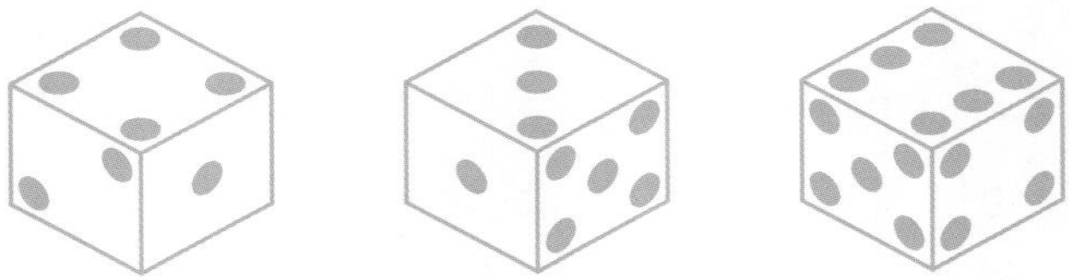

A　　B　　C

在A、B、C这三只骰子中，哪一只与其他两只不同？

注：如果你觉得难以同时看到骰子的六个面，可以照下图画出骰子的多面图。这样除了底下的一面外，其他各面都可同时看到。

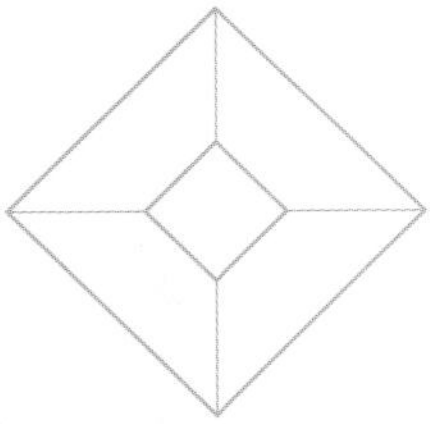

提示：翻动这三个立方体，使相同的相邻面处于同样的空间方位，然后判定其余面上的点数。

35. 最后一个划船渡河的人

三个男人和两个女人要渡过一条河，但渡河的小船只能坐两个人。

（1）女人们要求：任何时候都不能让一个女人单独地和一个男人在一起。

（2）每次渡河只能有一个人划船。因此，男人们要求：不能让一个人连续划船两次。

（3）船上只有一个人独自划船的情况，先是轮到阿特，其次是本，第三是考尔。

谁最后一个划船渡河？

注：要求以尽可能少的次数渡河。

提示：确定从原岸向对岸渡河时船上只有两个男人或只有两个女人的一种方案。

36. 点子的排列方向

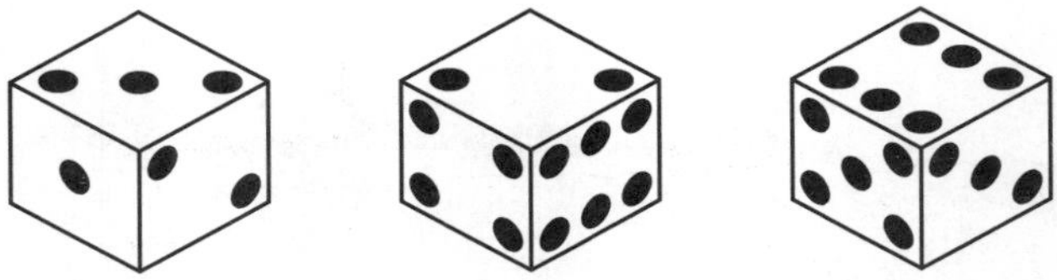

A　　B　　C

正常的骰子，相对两面的点子数目之和总是7；就此而言，上图中的三只骰子是正常的。但是，从点子的排列方向来看，其中有一只与其他两只不同。

在A、B、C这三只骰子中，哪一只与其他两只不同？

提示：判定哪些面上的点子可以有不同的排列方向；然后判定这些排列方向在不同的骰子中是否一致。

37. 兰瑟先生的座位

五对夫妇参加兰瑟先生的生日晚宴。座位是按照如下图所示的L形餐桌安排的：

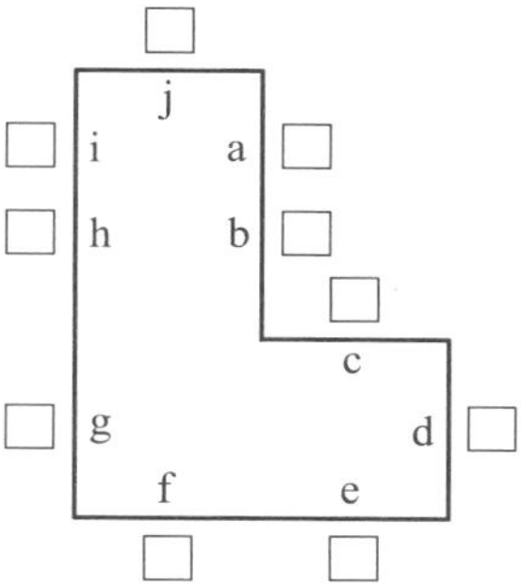

在餐桌周围：

(1)每位男士坐在一位女士的对面。

(2)我坐在座位a，在我丈夫的对面。

(3)没有一位女士坐在两位男士之间。

(4)兰瑟先生坐在两位女士之间。

兰瑟先生坐的是哪个座位？

注："在两位男士(或女士)之间"，指的是沿桌子边缘，左侧是一位男士(或女士)，右侧是另一位男士(或女士)。

提示：先判定在不考虑具体座位的情况下，五对夫妇围桌而坐的可能座位安排；然后，从说话者的位置开始，判定具体座位的安排情况。

38. 律师们的供词

艾伯特、巴尼和柯蒂斯三人,由于德怀特被谋杀而受到传讯。犯罪现场的证据表明,可能有一名律师参与了对德怀特的谋杀。

这三人中肯定有一人是谋杀者,每一名可疑对象所提供的两条供词是:

艾伯特:

(1)我不是律师。

(2)我没有谋杀德怀特。

巴尼:

(3)我是个律师。

(4)但是我没有杀害德怀特。

柯蒂斯:

(5)我不是律师。

(6)有一个律师杀了德怀特。

警察最后发现:

Ⅰ. 上述六条供词中只有两条是实话。

Ⅱ. 这三个可疑对象中只有一个不是律师。

是谁杀害了德怀特?

问题 questions

提示：判定(2)和(4)这两条供词都是实话，还是其中只有一条是实话。

39. 仁爱的人

亚当、布拉德和科尔是三个不同寻常的人，每个人都恰有三个不同寻常的特点。

（1）两个人非常聪明，两个人非常漂亮，两个人非常强壮，两个人非常诙谐，一个人非常仁爱。

（2）对于亚当来说，下面的说法是正确的：

（2a）如果他非常诙谐，那么他也非常漂亮；

（2b）如果他非常漂亮，那么他不是非常聪明。

（3）对于布拉德来说，下面的说法是正确的：

（3a）如果他非常诙谐，那么他也非常聪明；

（3b）如果他非常聪明，那么他也非常漂亮。

（4）对于科尔来说，下面的说法是正确的：

（4a）如果他非常漂亮，那么他也非常强壮；

（4b）如果他非常强壮，那么他不是非常诙谐。

谁非常仁爱？

提示：判定每个人的特点的可能组合。然后分别假定亚当、布拉德或科尔具有仁爱的特点。只有在一种情况下，不会出现矛盾。

40. 第六号纸牌

八张编了号的纸牌扣在桌上，它们的相对位置如下图所示：

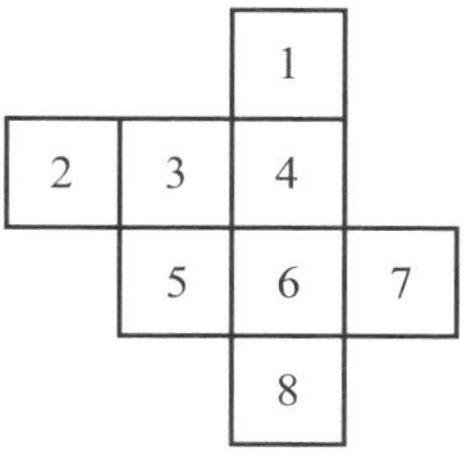

这八张纸牌：

(1)每张A挨着一张K。

(2)每张K挨着一张Q。

(3)每张Q挨着一张J。

(4)没有一张Q与A相邻。

(5)没有两张相同的牌彼此相邻。

(6)八张牌中有两张A，两张K，两张Q，两张J。

编为第六号的是哪一种牌——是A、K、Q或J?

提示：假定第六号牌分别是A、K、Q或J。只在一种情况下不会产生矛盾。

41. 最后一个划船过湖的人

四个男人和四个女人要渡过一个湖,但他们的那条小船只能坐三个人。

(1)女人们要求:任何时候都不能让一个女人单独地和一个男人在一起。

(2)每次摆渡只能有一个人划船。因此,男人们要求:不能让一个人连续划船两次。

(3)大家一致认为:不应该让女人划船。

(4)亚伯拉罕轮到第一个划船,巴雷特其次,克林顿第三,道格拉斯最后。

(5)在每次划回原地时,船上只有一个划船的人。

注:假定以尽可能少的次数渡过湖泊。

谁最后一个划船渡过湖泊？

提示：判定一种划船过湖的方案，其中有一个男人在第一次过湖时不是他划船，从而在第二次过湖（返回原地）时他能够在船上并且是他划船，而且，有一个男人在倒数第二次过湖（返回原地）时不是他划船，从而在最后一次过湖时他能够在船上并且是他划船。

42. 罪恶累累

阿斯特夫妇、布赖斯夫妇和克兰夫妇，六人围桌而坐，如下图所示。

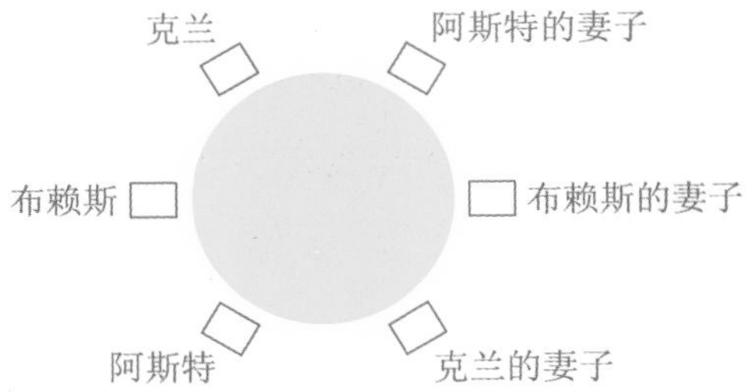

在桌子周围：

(1)恰有三人身旁至少坐着一个谋杀犯。

(2)恰有四人身旁至少坐着一个勒索犯。

(3)恰有五人身旁至少坐着一个诈骗犯。

(4)恰有六人身旁至少坐着一个盗窃犯。

关于犯罪类型：

(5)没有两人同犯一种以上的罪行。

(6)有一个人犯的罪多于其他人。

关于各个人物：

(7)阿斯特和他的妻子都只犯了一种罪，尽管是不同的罪。

(8)布赖斯和他的妻子都是诈骗犯。

(9)克兰和他的妻子都是盗窃犯。

(10)犯诈骗罪的女人多于男人。

谁犯的罪最多?

提示:分别判定谋杀犯、勒索犯、诈骗犯和盗窃犯的可能坐法。然后判定犯四种罪行的人的数目、犯三种罪行的人的数目、犯两种罪行的人的数目和只犯一种罪行的人的数目。最后判定每个人的具体犯罪类型。

43. 圈出的款额

两位女士和两位男士走进一家自助餐厅，每人从机器上取下一张如下图所示的标价单。

50	95
45	90
40	85
35	80
30	75
25	70
20	65
15	60
10	55

（1）四个人要的是同样的食品，因此他们的标价单被圈出了同样的款额（以美分为单位）。

（2）每人都只带有四枚硬币。

（3）两位女士所带的硬币价值相等，但彼此间没有一枚硬币面值相同；两位男士所带的硬币价值相等，但彼此间也没有一枚硬币面值相同。

（4）每个人都能按照各自标价单上圈出的款额付款，不用找零。

在每张标价单中圈出的是哪一个数目？

注："硬币"可以是1美分、5美分、10美分、25美分、50美分或1美元（合100美分）。

提示：设法找出所有这样的两组硬币（硬币组对）：每组四枚，价值相等，但彼此间没有一枚硬币面值相同。然后从这些组对中判定能付清账目而不用找零的数额。

44. 谁是教授

阿米莉亚、比拉、卡丽、丹尼斯、埃尔伍德和他们的配偶参加在情侣餐馆中举行的一次大型聚会。这五对夫妇被安排坐在一张L形桌子的周围，如右图：

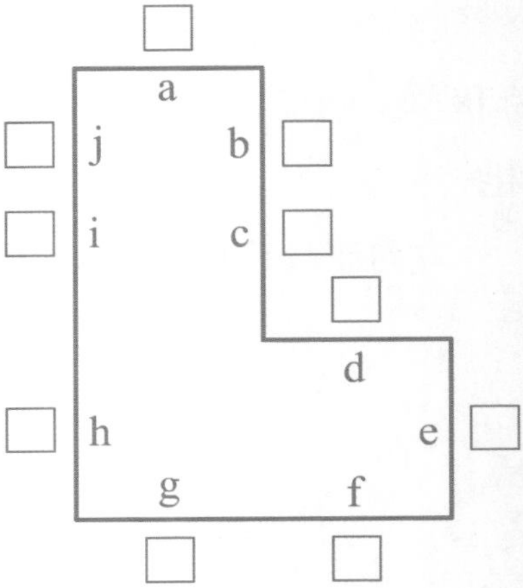

(1)阿米莉亚的丈夫坐在丹尼斯妻子的旁边。

(2)比拉的丈夫是唯一单独坐在桌子的一个边上的男士。

(3)卡丽的丈夫是唯一坐在两位女士之间的男士。

(4)没有一位女士坐在两位女士之间。

(5)每位男士都坐在自己妻子的对面。

(6)埃尔伍德的妻子坐在教授的右侧。

谁是教授？

提示：先判定在不考虑具体人物的情况下，五对夫妇围桌而坐的可能座位安排；然后再确定具体人物的座位就比较容易了。

45. 倒霉者

哈里和妻子哈丽雅特举办晚餐会，邀请的客人有：弟弟巴里和他的妻子巴巴拉；妹妹萨曼莎和她的丈夫塞缪尔；还有邻居内森和他的妻子纳塔利。

在他们全都就席之后，不慎有一碗汤泼在某个人身上。餐桌周围的座位安排如右图所示：

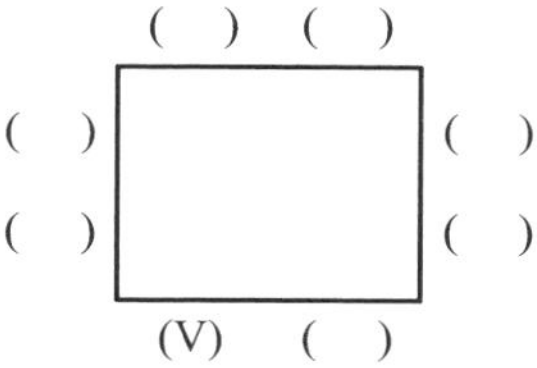

(1)被泼了一身汤的倒霉者坐在标有V的座位上。

(2)每位男士都坐在一位女士的对面。

(3)每位男士都坐在一位男士与一位女士之间。

(4)没有任何男士坐在自己妻子的对面。

(5)男主人坐在倒霉者的右侧。

(6)巴里坐在女主人的旁边。

(7)萨曼莎坐在倒霉者配偶的旁边。

谁是倒霉者？

提示：先判定在不考虑具体人物的情况下，人们围桌而坐的可能座位安排；然后，从男主人的座位开始，判定各人具体的座位安排。

46. 没有出黑桃

男女二人玩一种纸牌游戏:(a)在可能的情况下,后手在每一圈(即先后各出一张牌)中都必须按先手出的花色出牌,而先手则可以随意出牌;(b)每一圈的胜方即为下一圈的先手。

(1)双方手中各有四张牌,其花色分布是:

男方手中:黑桃—黑桃—红心—梅花;

女方手中:方块—方块—红心—黑桃。

(2)双方都各做了两次先手。

(3)双方都各胜了两圈。

(4)在每一圈中先手出的花色都不一样。

(5)在每一圈中都出了两种不同的花色。

在打出的这四圈牌中,哪一圈没有出黑桃?

注:王牌至少胜了一圈。(王牌是某一种花色中的任何一张牌,它可以:(a)在手中没有先手出的花色的情况下,出王牌——这样,一张王牌将击败其他三种花色中的任何牌;(b)与其他花色的牌一样作为先手出的牌。)

提示：从先手和胜方的可能序列中判定王牌的花色；然后判定在哪一圈时先手出了王牌并取胜；最后判定在哪一圈时出了黑桃。

47. 没有放上的数字

有人把0～9这十个数字中的九个用字母代表，如右图那样放在两个三角形的每一个周围。

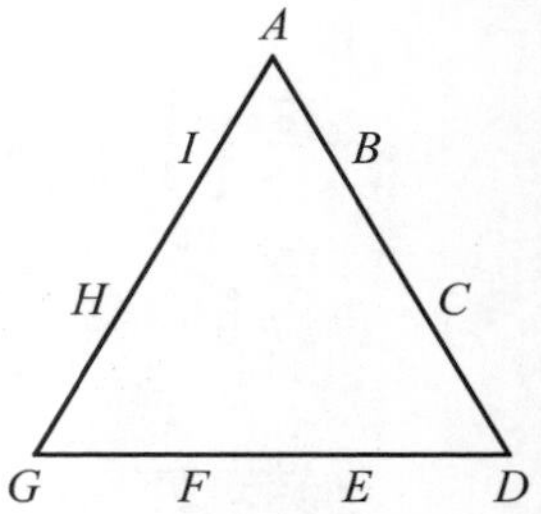

（1）三角形各边上四个数字之和为14。

（2）在第一个三角形中没有放上的数字，不同于在第二个三角形中没有放上的数字。

在两个三角形中没有放上的是十个数字中的哪两个？

提示：建立一个方程，把没有放上的数字同三个角上的数字之和联系起来。(注意把三条边上的数字之和加起来时，三个角上的数字用了两次。)然后，根据可能的三个角数字之和，判定各个角上的可能的数字。最后判定放在各个角之间的数字。

48. 勒索者

海伦和她的丈夫赫尔穆特举行晚餐会，邀请的客人有：她的弟弟布莱尔和布莱尔的妻子布兰奇；她的姐姐希拉和希拉的丈夫舍曼；邻居诺拉和诺拉的丈夫诺顿。八人之中有一人是勒索者，其他七人之中有一人是勒索者的受害者。

当他们全部在桌旁就坐的时候，受害者试图用切牛排的餐刀去刺勒索者，但没有成功。围绕桌子的座位安排，如右图所示：

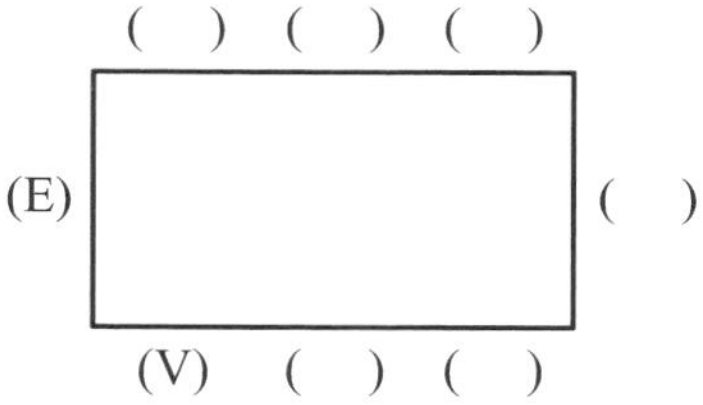

（1）勒索者坐在座位E。

（2）受害者坐在座位V。

（3）每位男士坐在一位女士的对面。

（4）每位男士坐在一位男士和一位女士之间。

（5）勒索者的配偶与受害者的配偶相邻而坐。

（6）男主人坐在受害者与女主人之间。

（7）布莱尔坐在希拉与诺顿之间。

谁是勒索者？

提示：在不考虑具体人物的情况下，判定人们座位的多种可能安排；然后，通过逐步判定各个具体人物的座位，把这些可能的安排减少到剩下唯一的一种。

49. 谁没有输过

多丽丝、劳拉、雷内三人玩了两盘纸牌游戏，其玩法是：(a)通过抽牌来配成对子；(b)尽量避免手中只留下一个单张。

游戏者轮流从别人手中抽牌，直到有一人手中只剩下一个单张，此人便是输者。在抽牌后配成了对子，便打出这对牌。如果一个人从第二个人手中抽了一张牌并打出一个对子之后，手中已经无牌，则轮到第三个人抽牌时就从第二个人手中抽。

在每一盘接近尾声的时候：

(1)多丽丝只有一张牌，劳拉只有两张牌，雷内也只有两张牌；这五张牌包括两个对子和一个单张，但任何人手中都没有对子。

(2)多丽丝从劳拉手中抽了一张牌，但没能配成对。

(3)劳拉从雷内手中抽了一张牌，随后雷内从多丽丝手中抽了一张牌。

(4)在任何一盘中，没有一人手中两次拿着同样的一手牌。

(5)没有一人连输两盘。

在两盘游戏中，谁没有输过？

提示：判定三人手中纸牌的可能分布，然后判定一盘游戏该怎样进行才能做到没有一人手中两次拿着同样的一手牌。

50. 达纳之死

达纳溺水死亡，为此，阿洛、比尔和卡尔被一位警探讯问。

（1）阿洛说：如果这是谋杀，那肯定是比尔干的。

（2）比尔说：如果这是谋杀，那可不是我干的。

（3）卡尔说：如果这不是谋杀，那就是自杀。

（4）警探如实地说：如果这些人中只有一个人说谎，那么达纳是自杀。

达纳是死于意外事故，还是自杀，甚至是谋杀？

提示：在分别假定陈述(1)、陈述(2)和陈述(3)为谎言的情况下，推断达纳的死亡原因；然后判定这些陈述中有几条能同时为谎言。

51. 安东尼的名次

安东尼、伯纳德和查尔斯三人参加了几项田径比赛。

(1)每项比赛只取前三名，第一名、第二名、第三名分别得3分、2分、1分。

(2)并列同一名次者，都得到与该名次相应的分数。

(3a)把每人在撑竿跳、跳远和跳高比赛中的得分加起来得到一个个人总分，结果这三人的个人总分都一样。

(3b)把这三人在某项比赛中的得分加起来得到一个团体分，结果三个项目的团体分都一样，而且这个团体分与上述的个人总分相等。

(4)在撑竿跳比赛中没有出现得分相同的情况。

(5)安东尼和查尔斯在跳远比赛中得分相同。

(6)安东尼和伯纳德在跳高比赛中得分相同。

(7)在这三项比赛中，伯纳德有一项没有得分，查尔斯也有一项没有得分。

在撑竿跳比赛中，安东尼得了第几名？

提示：找出一个每一行的和与每一列的和都相等的3×3方阵，即可判定出安东尼在撑竿跳比赛中的名次。为此，用代数方法表示安东尼和查尔斯在跳远比赛中的得分，以及安东尼和伯纳德在跳高比赛中的得分。

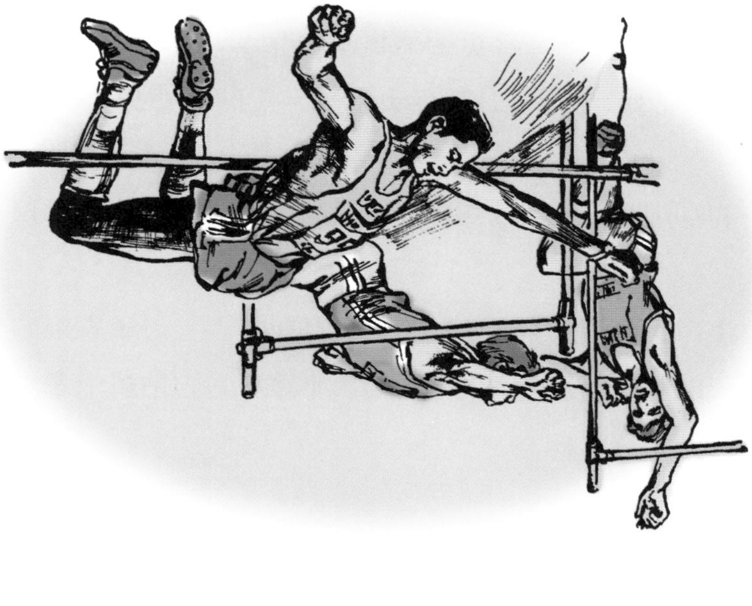

52. 一美元纸币

一家小饭店刚开始营业,店堂中只有三位男顾客和一位女店主。当这三位男士同时站起来付账的时候,出现了以下的情况:

(1)这四个人每人至少有一枚硬币,但都不是面值为1美分或1美元的硬币。

(2)这四个人中没有一人能够兑开任何一枚硬币。

(3)一位名叫卢的男士要付的账单款额最大,一位名叫莫的男士要付的账单数额其次,一位名叫内德的男士要付的账单数额最小。

(4)每位男士无论怎样用手中所持的硬币付账,女店主都无法找清零钱。

(5)如果这三位男士相互之间等值调换一下手中的硬币,则每人都能付清自己的账单而无须找零。

(6)当这三位男士一共进行了两次等值调换之后,他们发现每人手中的硬币与各人自己原先所持的硬币没有一枚面值相同。

随着事情的进一步发展,又出现了如下的情况:

(7)在付清了账单而且有两位男士离开之后,留下的那位男士又买了一些糖果。这位男士本来可以用他手中剩下的硬币付款，可是女店主却无法用她现在所持的硬币找清零钱。

(8)于是这位留下的男士用1美元的纸币付了糖果钱，但是女店主不得不把她的全部硬币都找给了他。

不去管他那天女店主怎么会在找零钱上屡屡遇到麻烦，这**三位男士中谁用1美元的纸币付了糖果钱？**

注：美国货币中的硬币有1美分、5美分、10美分、25美分、50美分和1美元这几种面值。100美分合1美元。

提示：有一位男士手中所持的全部硬币可以用硬币的两种组合来表示：这两种组合之间没有一枚硬币面值相同，每种组合中的硬币都不能兑开一枚较大面值的硬币。第二位男士进行了两次调换，他与其他两位男士各进行了一次调换。这第二位男士通过第一次调换换来了面值与自己手中原有的硬币面值不同的硬币之后，必须能把手中原有的没有换出去的硬币换出去。女店主在三位男士付清账单之前和之后会有哪些面值的硬币？三份账单的数额，糖果的价钱，以及女店主在男士们付账之前手中持有的硬币，总共是多少钱？

53. 最佳选手

斯科特先生、他的妹妹、他的儿子，还有他的女儿，都是网球选手。关于这四人，有以下的情况：

(1)最佳选手的孪生同胞与最差选手性别不同。

(2)最佳选手与最差选手年龄相同。

这四人中谁是最佳选手？

提示：这四人中有几个人年龄相同？

54. 王牌

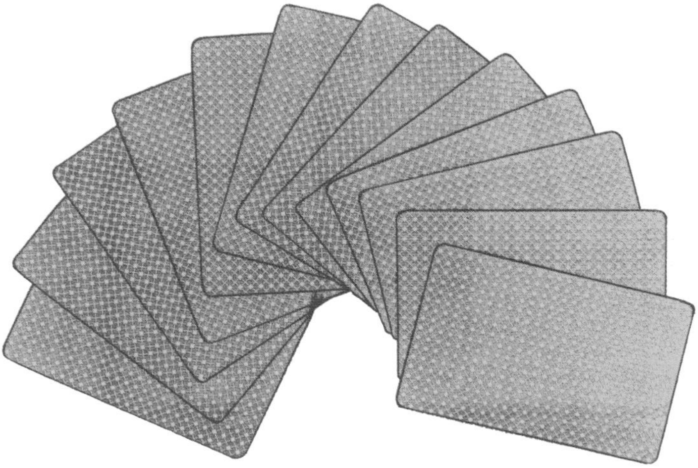

在一盘纸牌游戏中，某个人的手中有这样的一副牌：

(1)正好有十三张牌。

(2)每种花色至少有一张。

(3)每种花色的张数不同。

(4)红心和方块总共五张。

(5)红心和黑桃总共六张。

(6)属于“王牌”花色的有两张。

红心、黑桃、方块和梅花这四种花色，哪一种是“王牌”花色？

提示：此人手中有几张红心？

55. 三个A

在下列乘法算式中，每个字母代表0～9的一个数字（$M \neq 0$），而且不同的字母代表不同的数字：

$$\begin{array}{r} A\ S \\ \times\quad A \\ \hline M\ A\ N \end{array}$$

A代表0～9中的哪一个数字？

提示：如果式子中每个字母都有一个解（确实是有一个解）的话，那也需要首先求出A的值。

56. 缺失的数字

在下面这个加法算式中，每个字母都代表0～9的一个数字，而且不同的字母代表不同的数字：

$$
\begin{array}{rrr}
 & A & B \\
 & C & D \\
 & E & F \\
+ & G & H \\
\hline
I & I & I
\end{array}
$$

请问缺了0～9中的哪一个数字？

提示：I必定代表哪个数字？

57. 凶手

由于戴尔被谋杀，亚当、布拉德和科尔这三个被怀疑对象在不同的时间里分别受到警方传讯。他们每人各作了一条供词，一共三条：

(1)亚当是无辜的。

(2)布拉德说的是真话。

(3)科尔在撒谎。

供词(1)是最先讲的；供词(2)和(3)，不一定是按讲话的时间先后排序的，但它们都是针对在其前面所说的供词的。

Ⅰ.每人作的一条供词，都是针对另一个被怀疑对象。

Ⅱ.凶手是这三人中的一个，他作的是伪供。

这三人中谁是凶手？

提示：这些供词分别是由谁作的？每条供词的真伪取决于亚当是否有罪。如果亚当有罪，那他就要作出一个表示自己无罪的供词。如果布拉德有罪，或科尔有罪，那这人就要作出一个表示亚当有罪的供词。

58. 一枚、三枚还是四枚

有一种硬币游戏，其规则是：

(1)有一堆硬币，共九枚。

(2)双方轮流从中取走一枚、三枚或四枚硬币。

(3)谁取最后一枚硬币谁赢。

Ⅰ. 奥布里和布雷恩在玩这种游戏，奥布里开局，布雷恩随后。

Ⅱ.双方总是尽可能采取能使自己获胜的步骤；如果无法取胜，就尽可能采取能导致和局的步骤。

这两人中是否必定会有一人赢？如果这样，谁会赢？

提示：首先判定当只有一枚硬币要你取的时候，你是处于稳操胜券的地位，还是处于注定要输，或者导致和局的地位；然后，判定当只有两枚硬币要你取的时候，你是处于稳操胜券的地位，还是处于注定要输，或者导致和局的地位；如此进行，直至判定有九枚硬币要你取的情况。

59. 多疑的妻子

阿米莉亚、布伦达、谢里尔和丹尼斯这四位女士去参加一次聚会。

(1)晚上8点，阿米莉亚和她的丈夫已经到达，这时参加聚会的不到100人，正好分成五人一组进行交谈。

(2)到晚上9点，由于8点后只来了布伦达和她的丈夫，人们已改为四人一组在进行交谈。

(3)到晚上10点，由于9点后只来了谢里尔和她的丈夫，人们已改为三人一组在进行交谈。

(4)到晚上11点，由于10点后只来了丹尼斯和她的丈夫，人们已改为二人一组在进行交谈。

(5)上述四位女士中的一位，对自己丈夫的忠诚有所怀疑，本来打算先让她丈夫单独一人前来，而她自己则过一个小时再到。但是她后来放弃了这个打算。

(6)如果那位对丈夫的忠诚有所怀疑的女士按本来的打算行事，那么当她丈夫已到而自己还未到时，参加聚会的人们就无法分成人数相等的各个小组进行交谈。

这四位女士中哪一位对自己丈夫的忠诚有所怀疑？

提示：用代数式表示在各个时间段参加聚会的人数，并且利用在三个时间段中各有两人来到的事实，写出三个方程。

60. 死亡时间

一天傍晚，威尔逊、泽维尔、约曼、曾格和奥斯本这五名探险者在一条河的两岸分别扎营休息。

当天晚上，威尔逊不时用无线电同其他四人进行联系。但在晚上10:30之后，他没有收到奥斯本的应答。于是威尔逊又同其他三人进行了联系，表示了他的担忧。

第二天早晨，人们发现奥斯本死了，他是被人杀死的。犯罪现场的证据表明，凶手是由水路乘船到达奥斯本帐篷的。而在前一天晚上，每名探险者都有使用一艘独木舟的机会。

威尔逊怀疑是泽维尔、约曼或曾格杀害了奥斯本。但是，根据以下事实，威尔逊消除了对其中两人的怀疑：

(1)奥斯本是在前一天晚上10:30之前在他的帐篷里被杀害的。他被枪弹射中，立即身亡。

(2)凶手去奥斯本帐篷和返回自己帐篷都是乘独木舟。

(3)泽维尔的帐篷扎在奥斯本帐篷的下游，约曼的帐篷扎在奥斯本帐篷的正对岸，曾格的帐篷扎在奥斯本帐篷的上游。

(4)这三人中任何一人乘独木舟去奥斯本帐篷然后返回自己帐篷,都至少需要花80分钟时间。

(5)河水的流速很快。

(6)对威尔逊发出的无线电呼叫,各人的应答时间如下:

应答者	应答时间
泽维尔	8:15
约曼	8:20
曾格	8:25
奥斯本	9:15
泽维尔	9:40
约曼	9:45
曾格	9:50
泽维尔	10:55
约曼	11:00
曾格	11:05

在这三人中,仍被威尔逊作为怀疑对象的是谁?

提示:奥斯本必定在什么时间之后被枪杀?哪两个人不可能有时间既应答了所有的无线电呼叫又杀了奥斯本?

61. 两枚还是三枚

有一种硬币游戏，其规则是：

(1)有一堆硬币，共十二枚。

(2)双方轮流从中取走两枚或三枚硬币。

(3)谁取最后一枚硬币谁输。

Ⅰ.阿曼德和比福德在玩这种游戏，阿曼德开局，比福德随后。

Ⅱ.双方总是尽可能采取能使自己获胜的步骤；如果无法取胜，就尽可能采取能导致和局的步骤。

这两人中是否必定会有一人赢？如果这样，谁会赢？

提示：请先判定当只有一枚硬币要你取的时候，你是处于稳操胜券的地位，还是处于注定要输，或者导致和局的地位；然后，判定当只有两枚硬币要你取的时候，你是处于稳操胜券的地位，还是处于注定要输，或者导致和局的地位；如此进行，直至判定有十二枚硬币要你取的情况。

62. 首次值班

一家珠宝公司雇用了一批保安值夜班，休伯特是其中的一员。

（1）值班是按轮流制进行的。从休伯特首次值班至今还不到100天。

（2）休伯特首次值班和最近一次值班遇上了他当值日期中仅有的两个星期日。

（3）休伯特首次值班和最近一次值班是在不同月份的同一日子。

（4）休伯特首次值班和最近一次值班所在的月份天数相同。

休伯特首次值班是在一年十二个月中的哪一月？

提示：休伯特首次值班和最近一次值班之间相距的天数该是什么数的倍数？这个天数必定也等于一个月、两个月或三个月的天数。

63. 书架

图书馆馆长德雷克女士问她的三位助手，在某层书架上可以并排放置多少本书。她得到的回答是：

阿斯特女士：这层书架正好可以用2本图书目录、3本字典和3本百科全书放满。

布赖斯女士：这层书架正好可以用4本图书目录、3本字典和2本百科全书放满。

克兰女士：这层书架正好可以用4本图书目录、4本字典和3本百科全书放满。

(1)只有两位助手的回答是正确的。

(2)如果用同一类图书放，德雷克女士发现只有一类图书能正好放满这层书架。

(3)要正好放满这层书架，需要这类图书15本。

(4)所有的图书目录开本相同，所有的字典开本相同，所有的百科全书开本相同。

假设这三类图书并排放置时相邻两本书的间距都可以忽略不计，那么，**用哪类图书可正好放满这层书架？**

提示：用代数式表示书架的宽度以及15本同类图书并排平放时的总宽度。根据三位女士的回答，将导出包含书架宽度和每类图书并排平放时的总宽度的三对方程；其中只有一对方程可解出取正值的各类图书宽度。能够正好放满书架的那类图书的宽度不能是其他两类图书中任何一类图书宽度的倍数。

64. 一枚、两枚还是四枚

有一种硬币游戏，其规则是：

(1)有一堆硬币，共十枚。

(2)双方轮流从中取走一枚、两枚或四枚硬币。

(3)谁取最后一枚硬币谁输。

Ⅰ. 奥斯汀和布鲁克斯在玩这种游戏，奥斯汀开局，布鲁克斯随后。

Ⅱ. 双方总是尽可能采取能使自己获胜的步骤；如果无法取胜，就尽可能采取能导致和局的步骤。

这两人中是否必定会有一人赢？如果这样，谁会赢？

提示：首先判定当只有一枚硬币要你取的时候，你是处于稳操胜券的地位，还是处于注定要输，或者导致和局的地位；然后，判定当只有两枚硬币要你取的时候，你是处于稳操胜券的地位，还是处于注定要输，或者导致和局的地位；如此进行，直至判定有十枚硬币要你取的情况。

65. 漂亮的青年

阿伦、布赖恩和科林这三个青年中，只有一人是漂亮的青年。

阿伦如实地说：

(1)如果我不漂亮，我将不能通过物理考试。

(2)如果我漂亮，我将能通过化学考试。

布赖恩如实地说：

(3)如果我不漂亮，我将不能通过化学考试。

(4)如果我漂亮，我将能通过物理考试。

科林如实地说：

(5)如果我不漂亮，我将不能通过物理考试。

(6)如果我漂亮，我将能通过物理考试。

同时，

Ⅰ. 那漂亮的青年是唯一能通过某一门课程考试的人。

Ⅱ. 那漂亮的青年也是唯一不能通过另一门课程考试的人。

这三人中谁是那漂亮的青年？

提示：是否任何一个人都能通过一门以上课程的考试？那漂亮的青年通过的是哪门课程的考试？

66. 尤妮斯的婚姻状况

在一次舞会上，杰克先生看到尤妮斯一个人站在酒柜旁边。

(1)参加舞会的总共有十九人。

(2)有七人是单独一人来的，其余的都是一男一女成双成对地来的。

(3)那些成双成对来的，或是双方已订婚，或是双方已结婚。

(4)凡单独前来的女士都尚未订婚。

(5)凡单独前来的男士都不处于订婚阶段。

(6)参加舞会的男士中，处于订婚阶段的人数等于已经结婚的人数。

(7)单独前来的已婚男士的人数，等于单独来的尚未订婚的男士的人数。

(8)在参加舞会的已经结婚、处于订婚阶段和尚未订婚这三种类型的女士中，尤妮斯属于人数最多的那种类型。

(9)尚未订婚的杰克先生，希望知道尤妮斯是哪一种类型的女士。

在这三种类型女士中，尤妮斯属于哪一种？

提示：这三种类型的人数，分别可以用一个字母的代数式表示出来。根据一条陈述，可以有一个推论。把这个推论用于代数式，就可以判定那个字母所代表的值。

67. 女凶手

由于达纳遭到谋杀，安娜、巴布斯和科拉这三名妇女受到传讯。这三人中有一人是凶手，另一人是同谋，第三个则与这起谋杀案毫无瓜葛。

这三名妇女各自作的供词中有三条如下：

(1)安娜不是同谋。

(2)巴布斯不是凶手。

(3)科拉参与了此案。

Ⅰ. 每条供词都说的是别人，而不是作供者自己。

Ⅱ. 这些供词中至少有一条是那个无辜者作的。

Ⅲ. 只有那个无辜者作的供词才是真话。

这三名妇女中，哪一个是凶手？

提示：无辜者作了几条供词？

68. 四片果树林

斯隆先生有四片果树林，分别种了苹果树、柠檬树、柑橘树和桃树。

（1）果树林的果树都成行排列，每片果树林中各行果树棵数相等。

（2）苹果林的行数最少，柠檬林比苹果林多一行，柑橘林比柠檬林多一行，桃树林又比柑橘林多一行。

（3）有三片果树林，每片果树林四周边界上的果树与其内部的果树棵数相等。

在这四片果树林中，哪一片边界上的果树与其内部的果树棵数不相等？

提示：用代数式表示（3）中提到的那三片果树林边界上和内部果树的棵数。对于这三片果树林的相邻边上果树的棵数，只有四对可能的值。

69. 艾丽斯与谋杀案

艾丽斯、艾丽斯的丈夫、他们的儿子、他们的女儿，还有艾丽斯的哥哥，卷入了一桩谋杀案。这五人中的一人杀了其余四人中的一人。这五人的有关情况是：

(1)在谋杀发生时，有一男一女两人正在一家酒吧里。

(2)在谋杀发生时，凶手和被害者两人正在一个海滩上。

(3)在谋杀发生时，两个子女中的一个正一人独处。

(4)在谋杀发生时，艾丽斯和她的丈夫不在一起。

(5)被害者的孪生同胞是无罪的。

(6)凶手比被害者年轻。

这五人之中，谁是被害者？

提示：艾丽斯在何处？谁和她在一起？

70. 谈胜论负

“我们三人打了几次赌。

(1)开始，A从B那里赢得了相等于A手头原有数目的款额。

(2)接着，B从C那里赢得了相等于B手头剩下数目的款额。

(3)最后，C从A那里赢得了相等于C手头剩下数目的款额。

(4)结果，我们三人手头所拥有的款额相同。

(5)我在开始时有50美分。”

说这番话的是A、B、C中的哪一个？

提示：设a、b、c分别是A、B、C三人在打赌前所有的款额。然后用代数式表示出每人在打赌后的款额。只有一个人在开始时手头拥有的款额为50美分。

71. 三角形鸡圈

一位农夫建了一个三角形的鸡圈。鸡圈是用铁丝网绑在插入地里的桩子而围成的。

(1)沿鸡圈各边的桩子间距相等。

(2)等宽的铁丝网绑在等高的桩子上。

(3)这位农民在笔记本上写了如下的记录：

面对仓库那一边的铁丝网的价钱：10美元；

面对水池那一边的铁丝网的价钱：20美元；

面对住宅那一边的铁丝网的价钱：30美元。

(4)他买铁丝网时用的全是10美元面额的钞票，而且不用找零。

(5)他为鸡圈各边的铁丝网所付的10美元钞票的数目各不相同。

(6)在他记录的三个价钱中，有一个记错了。

这三个价钱中哪一个记错了？

提示：鸡圈各边铁丝网的价钱之比一定等于它们的长度之比。各边铁丝网要有怎样的相对长度才能构成一个三角形的鸡圈呢？

72. 父与子

阿诺德、巴顿、克劳德和丹尼斯都是股票经纪人，其中有一人是其余三人中某一人的父亲。一天，他们在证券交易所购买股票的情况是：

(1)阿诺德购买的都是每股3美元的股票，巴顿购买的都是每股4美元的股票，克劳德购买的都是每股6美元的股票，丹尼斯购买的都是每股8美元的股票。

(2)父亲所购的股数最多，他花了72美元。

(3)儿子所购的股数最少，他花了24美元。

(4)这四个人买股票总共花了161美元。

在这四个人当中，谁是那位父亲？谁是那位儿子？

提示：根据(1)和(4)列出一个方程。依次假定某个人是那位父亲或者那位儿子，则这个人买了多少股？如果一个数是方程中五项中四项的因数，则它必定也是第五项的因数。

73. 顺序相反

题目Ⅰ	题目Ⅱ	题目Ⅲ
$A\ R\ B$	$A\ R\ S\ B$	$A\ R\ S\ T\ B$
$\times\qquad C$	$\times\qquad C$	$\times\qquad C$

(1)在上面这三道乘法题目中，每个字母都代表0～9的一个数字，而且不同的字母代表不同的数字。但是，每个字母在一道乘法题目中所代表的数字，并不一定和它在其他乘法题目中所代表的数字相同。

(2)在这三道乘法题目中，有两道题目的积与被乘数所含数字相同，只是顺序相反。

在这三道乘法题目中，哪一道题目的积与被乘数所含数字有所不同？

提示：在(2)所指的两道乘法题目中，C×A必定小于或等于B，而且C×B的末位数必定是A。

74. 第十圈牌

四位男士在玩一种纸牌游戏,其规则是:(a)在每一圈中,某方首先出一张牌,其余各方就要按这张先手牌的花色出牌(如果手中没有这种花色,可以出任何其他花色的牌);(b)每一圈的获胜者即取得下一圈的首先出牌权。现在他们已经打了九圈,还要打四圈。

(1)四人手中花色的分布如下:

Ⅰ:梅花、方块、黑桃、黑桃;

Ⅱ:梅花、方块、红心、红心;

Ⅲ:梅花、红心、方块、方块;

Ⅳ:梅花、红心、黑桃、黑桃。

(2)阿特在某一圈中首先出了方块。

(3)鲍勃在某一圈中首先出了红心。

(4)卡布在某一圈中首先出了梅花。

(5)丹在某一圈中首先出了黑桃。

(6)每圈的获胜者凭的都是一张“王牌”。(王牌是某一种花色中的任何一张牌:(a)在手中没有先手牌花色的情况下,可以出王牌——这样,一张王牌将击败其他三种花色中的任何牌;(b)与其他花色的牌一样,王牌可以作为先手牌打出。)

(7)阿特和卡布这对搭档胜了两圈，鲍勃和丹这对搭档也胜了两圈。

这四人中谁胜了第十圈？

提示：先在不考虑具体人物的情况下，判定每人各有几张王牌以及每人各胜了几圈；根据各人首先出的牌的花色，判定各人手中持的是哪一套牌，哪一种花色是王牌。

75. 正方形桌子

第一部分

奥尔登、布伦特、克拉克正和多伊尔在一家饭店里围坐在一张正方形桌子边用餐时，多伊尔突然中毒身亡。对于警探的讯问，每人各提供了如下的两条供词：

奥尔登：(1)我坐在布伦特的旁边。(2)不是布伦特就是克拉克坐在我的右侧，这个人不可能毒死多伊尔。

布伦特：(3)我坐在克拉克的旁边。(4)不是奥尔登就是克拉克坐在多伊尔的右侧，这个人不可能毒死多伊尔。

克拉克：(5)我坐在多伊尔的对面。(6)如果我们当中只有一个人撒谎，那人就是毒死多伊尔的凶手。

警探同为他们服务的侍者进行了交谈之后，如实地告诉他们：(7)你们当中只有一个人撒谎。(8)你们当中确有一个人毒死了多伊尔。

这三人中究竟是谁毒死了多伊尔？

提示：这四人围着正方形桌子怎样坐，才可能只有一个人撒谎？

第二部分

当这四个男人在一家饭店里围坐在一张正方形桌子边用餐而多伊尔突然中毒身亡的时候，奥尔登、布伦特和克拉克这三人的妻子也目击了这一幕。对于警探的讯问，每个女人各提供了如下的两条证词，但提到这三名怀疑对象时，都不用姓而仅用名字：

雷的妻子：（1）雷坐在锡德的旁边。（2）不是锡德就是特德坐在雷的右侧，他不可能毒死多伊尔。

锡德的妻子：（3）锡德坐在特德的旁边。（4）不是雷就是特德坐在多伊尔的右侧，他不可能毒死多伊尔。

特德的妻子：（5）特德坐在多伊尔的旁边。（6）如果我们当中只有一个人撒谎，那她就是凶手的妻子。

警探同为那四个男人服务的侍者进行了交谈之后，如实地告诉她们：（7）你们当中只有一个人撒谎。

这三个女人中谁是凶手的妻子？

注：第二部分的答案必须和第一部分的供词相一致。

提示：这四个男人怎样坐，才可能在这三个女人当中只有一人撒谎，而且和第一部分得到的坐法一致？

76. 六个 G

在下列乘法算式中，每个字母代表0～9的一个数字，而且不同的字母代表不同的数字：

$$\begin{array}{r} A\ B\ C\ D\ E \\ \times \qquad\qquad F \\ \hline G\ G\ G\ G\ G\ G \end{array}$$

G代表0～9中的哪一个数字？

提示：G×111111 可能有哪些因数？
G是不是F的倍数？代表哪个数字？

77. 十二个C

在下列乘法算式中，每个字母代表0～9的一个数字，而且不同的字母代表不同的数字：

		A	B	C	D	E	F	G	H
×								A	J
	E	J	A	H	F	D	G	K	C
	B	D	F	H	A	J	E	C	
	C	C	C	C	C	C	C	C	C

C 代表0～9中的哪一个数字？

提示：A和B分别代表哪两个数字？哪两个字母分别代表0和1？

78. 赛跑

艾伦、巴特、克莱和迪克四人进行一次赛跑，最后分出了高低。但这四个人都是出了名的撒谎者，他们所说的赛跑结果是：

艾伦：(1)我刚好在巴特之前到达终点。

(2)我不是第一名。

巴特：(3)我刚好在克莱之前到达终点。

(4)我不是第二名。

克莱：(5)我刚好在迪克之前到达终点。

(6)我不是第三名。

迪克：(7)我刚好在艾伦之前到达终点。

(8)我不是最后一名。

Ⅰ.上面这些话中只有两句是真话。

Ⅱ.取得第一名的那个人至少说了一句真话。

这四人中谁是第一名？

提示：综合考虑(1)、(3)、(5)、(7)这四句话，判定其中的假话可能有多少句。综合考虑(2)、(4)、(6)、(8)这四句话，判定其中的假话可能有多少句。

79. 兄弟俩

艾伯特、巴尼、柯蒂斯、德怀特、埃米特和法利都是艺术品收藏家，其中有两人是兄弟。一天，他们一起去了一家艺术品商场，各自购买了一些艺术品。购买情况如下：

（1）每件艺术品的价格都以美分为最小单位。

（2）艾伯特购买了1件艺术品，巴尼购买了2件，柯蒂斯购买了3件，德怀特购买了4件，埃米特购买了5件，而法利购买了6件。

（3）兄弟俩购买的艺术品，每件的单价都相同。

（4）其他四人购买的艺术品，每件的单价都是兄弟俩所购艺术品的单价的两倍。

（5）这六人为购买艺术品总共花了1000美元。

这六人中哪两个人是兄弟？

提示：兄弟俩共买了几件艺术品？兄弟俩所购艺术品的总件数加上其他四人所购艺术品总件数的两倍，和是多少？这个和必定能整除100000。

80. 白马王子

玛丽心目中的白马王子是高个子、黑皮肤、相貌英俊。她认识亚历克、比尔、卡尔、戴夫四位男士，其中只有一位符合她要求的全部条件。

(1)四位男士中，只有三人是高个子，只有两人是黑皮肤，只有一人相貌英俊。

(2)每位男士都至少符合一个条件。

(3)亚历克和比尔肤色相同。

(4)比尔和卡尔身高相同。

(5)卡尔和戴夫并非都是高个子。

谁符合玛丽要求的全部条件？

提示：有几位男士既是高个子又是黑皮肤？

81. 坎顿韦尔镇的一星期

坎顿韦尔镇的超市、百货商店和银行每星期中只有一天全都开门营业。

(1)超市每星期开门营业五天。

(2)百货商店每星期开门营业四天。

(3)银行每星期开门营业三天。

(4)在连续的三天中：

第一天，银行关门休息；

第二天，百货商店关门休息；

第三天，超市关门休息。

(5)星期日这三家单位都关门休息。

(6)银行不会连续两天都开门营业。

(7)百货商店不会连续三天都开门营业。

(8)超市不会连续四天都开门营业。

(9)星期六和星期一这三家单位不会都开门营业。

在一星期的七天中，坎顿韦尔镇的这三家单位哪一天全都开门营业呢？

提示：哪些单位星期六开门营业？哪些单位星期一开门营业？

82. 职业性谋杀

贝尔和卡斯是亚历克斯·怀特的妹妹;迪安和厄尔是费伊·布莱克的哥哥(亚历克斯是男性,费伊是女性)。他们的职业分别是:

	亚历克斯:医生		迪安:医生
怀特家	贝　　尔:医生	布莱克家	厄尔:律师
	卡　　斯:律师		费伊:律师

一天晚上,这两家人中,有两个人在酒吧,有两个人在海滩,有两个人在电影院。这时,发生了一起凶杀案:在海滩的那两个人中,有一人杀死了另一人。

关于这些人的情况是:

(1)在酒吧的是一名医生和一名律师。

(2)在电影院的两人职业相同。

(3)被害者和凶手是孪生同胞。

(4a)被害者和在酒吧的两人中的一人是夫妻。

(4b)凶手和在酒吧的两人中的另一人是夫妻。

(5)被害者与其配偶职业不同。

(6a)在电影院的两人中的一人和在酒吧的两人中的一人曾经是夫妻,现已离异。

（6b）在电影院的两人中的另一人和在酒吧的那名医生曾经是同住一室的室友（性别相同）。

这六人中谁是凶手？

提示：在酒吧的两人是什么关系？这两人各是什么性别？

83. 梦中情人

约翰的梦中情人长着金黄色的头发，蓝蓝的眼睛，纤细的身材，高高的个子。他认识阿黛尔、贝蒂、卡罗尔和多丽丝这四位小姐，其中只有一位是约翰的梦中情人。

(1)只有三位小姐是蓝眼睛和细身材。

(2)只有两位小姐是黄头发和高个子。

(3)只有两位小姐是细身材和高个子。

(4)只有一位小姐是蓝眼睛和黄头发。

(5)阿黛尔和贝蒂的眼睛颜色相同。

(6)贝蒂和卡罗尔的头发颜色相同。

(7)卡罗尔和多丽丝的身材不同。

(8)多丽丝和阿黛尔的身高相同。

这四位小姐中哪一位是约翰的梦中情人?

提示：对于每种特征，具有这种特征的小姐有几位，这四种特征在四位小姐中如何分布，这些都并非一目了然。在某一陈述中提到的每位尚不知是谁的小姐，还可能在其他陈述中提到。请注意有两位小姐身材不同这一普通的事实。

84. 赫克托的未婚妻

赫克托先生一直同安妮特、伯尼斯、克劳迪娅这三位女士保持交往。

安妮特如实地说：

(1)如果我会搬弄是非，那伯尼斯也会搬弄是非。

(2)如果我常固执己见，那克劳迪娅也常固执己见。

伯尼斯如实地说：

(3)如果我爱絮叨不休，那克劳迪娅也爱絮叨不休。

(4)如果我会搬弄是非，那安妮特也会搬弄是非。

克劳迪娅如实地说：

(5)如果我爱絮叨不休，那安妮特也爱絮叨不休。

(6)如果伯尼斯常固执己见，那我可从不固执己见。

赫克托如实地说：

(7)上述三种缺点中的每一种都至少为这三位女士中的一位所具有。

(8)有两位女士的缺点相同。

(9)我将要同这三位女士中的一位只有上述一种缺点的女士结婚。

赫克托先生将同这三位女士中的哪一位结婚?

提示：对于每一种缺点，具有这种缺点的女士组合能有哪几种？对于每种缺点，有三种这样的可能组合。赫克托先生不会同哪两位女士结婚？

85. 个个撒谎

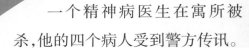

一个精神病医生在寓所被杀，他的四个病人受到警方传讯。

Ⅰ.警方根据目击者的证词得知，在医生死亡那天，这四个病人都单独去过一次医生的寓所。

Ⅱ.在传讯前，这四个病人共同商定，每人向警方作的供词条条都是谎言。

每个病人所提供的两条供词分别是：

埃弗里：(1)我们四个人谁也没有杀害精神病医生。

(2)我离开精神病医生寓所的时候，他还活着。

布莱克：(3)我是第二个去精神病医生寓所的。

(4)我到达他寓所的时候，他已经死了。

问　题

questions

克　朗：(5)我是第三个去精神病医生寓所的。

　　　(6)我离开他寓所的时候，他还活着。

戴维斯：(7)凶手不是在我去精神病医生寓所之后去的。

　　　(8)我到达精神病医生寓所的时候，他已经死了。

这四个病人中谁杀害了精神病医生？

提示：从否定八条供词入手，进而判定这四个病人到达精神病医生寓所的先后顺序以及精神病医生被杀害的时间。

86. 阿灵顿镇的一星期

阿灵顿镇的一家超市、一家百货商店和一家银行每星期中只有一天全都开门营业。

(1)这三家单位每星期各开门营业四天。

(2)星期日这三家单位都关门休息。

(3)没有一家单位连续三天开门营业。

(4)在连续的六天中：

第一天，百货商店关门休息；

第二天，超市关门休息；

第三天，银行关门休息；

第四天，超市关门休息；

第五天，百货商店关门休息；

第六天，银行关门休息。

在一星期的七天中，阿灵顿镇的这三家单位哪一天全都开门营业呢？

提示：一星期中只有一天是题中所说的连续六天中的第一天，否则就会出现矛盾。

87. 女主人

四位女士在玩一种纸牌游戏，其规则是：(a)在每一圈中，某方首先出一张牌，其余各方就要按这张先手牌的花色出牌（如果手中没有这种花色，可以出任何其他花色的牌）；(b)每一圈的获胜者即取得下一圈的首先出牌权。现在她们已经打了十圈，还要打三圈。

(1)在第十一圈，阿尔玛首先出一张梅花，贝丝出方块，克利奥出红心，黛娜出黑桃，但后三人的这个先后顺序不一定是她们的出牌顺序。

(2)女主人在第十二圈获胜，并且在第十三圈首先出了一张红心。

(3)在这最后三圈中，首先出牌的女士各不相同。

(4)在这最后三圈的每一圈中，四种花色都有人打出，而且获胜者凭的都是一张“王牌”。（王牌是某一种花色中的任何一张牌：(a)在手中没有先手牌花色的情况下，可以出王牌——这样，一张王牌将击败其他三种花色中的任何牌；(b)与其他花色的牌一样，王牌可以作为先手牌打出。）

(5)在这最后三圈中，获胜者各不相同。

(6)女主人的搭档手中是三张红色的牌。

这四位女士中，谁是女主人？

提示：哪种花色是王牌？谁在第十二圈出了王牌？

88. 梅花圈

四位女士在玩一种纸牌游戏，其规则是：(a)在每一圈中，某方首先出一张牌，其余各方就要按这张先手牌的花色出牌(如果手中没有这种花色，可以出任何其他花色的牌)；(b)每一圈的获胜者即取得下一圈的首先出牌权。现在她们已经打了九圈，还要打四圈。

(1)她们四人手中花色的分布如下：

埃达：梅花、红心、方块、黑桃；

比：梅花、红心、红心、方块；

茜德：梅花、红心、方块、方块；

黛布：梅花、黑桃、黑桃、黑桃。

(2)在某一圈一位女士首先出了梅花之后(简称此圈为梅花圈)，其他女士也都跟着出了梅花。

(3)有一位女士仅在两圈中出了先手牌的花色。

(4)在第十圈中首先出的是方块。

(5)在这最后四圈中，首先出牌的女士各不相同。

(6)在这最后四圈中，获胜者各不相同。

(7)在这最后四圈中，先手牌花色各不相同。

(8)各圈的获胜者凭的都是先手牌花色中最大的牌。

这四位女士中,谁在梅花圈中首先出了梅花?

提示:判定在每一圈中各位女士所出的花色。最后四圈时先手牌花色按怎样的顺序出现?

89. 黛安娜的妹妹

黛安娜和母亲一起上街为她妹妹的生日聚会购买糖果和小礼品。黛安娜的母亲专买小礼品，而黛安娜专买糖果。关于她们所买糖果的数量和所买小礼品的数量，以及她们所花的钱款，情况如下：

(1)黛安娜身上只带了十三枚硬币，而且面值只有三种：1美分、5美分和25美分。她把它们全部用来买了糖果。

(2)她为奥尔西娅买的糖果每块2美分，她为布莱思买的糖果每块3美分，她为卡丽买的糖果每块6美分。

(3)她为这三个女孩买的糖果块数各不相同，而且都不止一块。

(4)有两种糖果她所付的钱款相同。

（5）她母亲买了一些小礼品，每件小礼品的单价都一样。母亲总共花了4.80美元。

（6）黛安娜所买糖果的块数同她母亲所买纪念品的件数相等。

（7）黛安娜给她妹妹买的糖果块数最多。

三个女孩中，谁是黛安娜的妹妹？

提示：根据（1）、（2）、（5）、（6）可列出五个方程。根据（4）所列出的三个方程，只有一个是正确的。在这些方程中各个量的和与积是奇数还是偶数，应予考虑。

90. 没有喜事

史密斯、琼斯、布朗这三家习惯按出生顺序称呼他们的孩子。下面说到他们孩子的有关情况时就用了这种称呼：

(1)各家的老二都有三个兄弟。

(2)各家的老三都有两个姐妹。

(3)琼斯家的老四和史密斯家的老四有相同数目的兄弟。

(4)史密斯家的老五和布朗家的老五有相同数目的姐妹。

(5)布朗家老六的兄弟数目和琼斯家老六的姐妹数目相同。

(6)各家孩子的数目各不相同。

(7)只有一家的老大是男孩。

(8)只有一家的老幺(最晚出生的孩子)是女孩。

(9)在那位大哥和那位幺妹举行婚礼的那一天,新娘家和新郎家大摆婚宴。

这三家中哪一家没有喜事可庆祝?

提示:各家的老二和老三是男孩还是女孩共有几种可能?各家的男孩和女孩可能有几个?各家的男孩和女孩按出生顺序可能有怎样的分布?

91. 布明汉镇的一星期

布明汉镇有一家超市、一家百货商店和一家银行。在我到达布明汉镇的那一天，那家银行正开着门营业。

(1)一星期中没有一天超市、百货商店和银行全都开门营业。

(2)百货商店每星期开门营业四天。

(3)超市每星期开门营业五天。

(4)星期日和星期三这三家单位都关门休息。

(5)在连续的三天中：

第一天，百货商店关门休息；

第二天，银行关门休息；

第三天，超市关门休息。

(6)在连续的三天中：

第一天，银行关门休息；

第二天，超市关门休息；

第三天，百货商店关门休息。

我到达布明汉镇是一星期七天中的哪一天？

提示：考虑超市每星期的营业日程，从而判定(5)和(6)提到的连续三天分别开始于一星期中的哪一天。

92. 米德尔镇

阿登、布莱尔、克莱德、杜安这四位推销员都住在米德尔镇。

（1）四人的住宅都位于两条或多条街道的交叉路口，如下面的该镇局部地图所示：

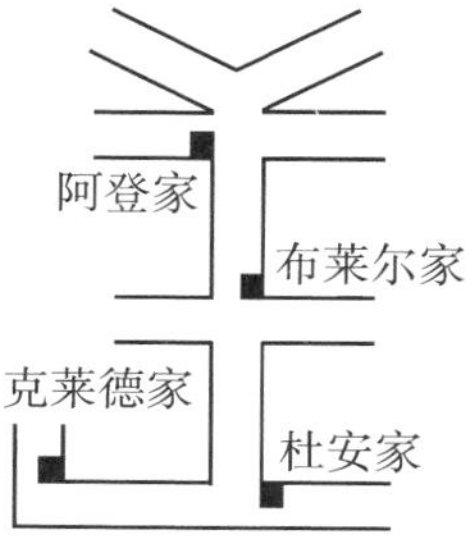

（2）一天，在同一时间，阿登去拜访他的朋友布莱尔，布莱尔去拜访他的朋友克莱德，克莱德去拜访他的朋友杜安，杜安去拜访他的朋友阿登。

（3）那天，每位推销员从自己住宅出发，向朋友的住宅走去，一路上在米德尔镇的每条街道的每所住宅都作了短暂的停留（每条街道沿街都是住宅）；但是四人中能够做到每一条街道只走过一次的只有一人。

这四位推销员中，谁沿着米德尔镇的全部街道不重复地走了一遍？

提示：经过每个交叉路口的次数是奇数还是偶数？

93. 偷答案的学生

一天，在迪姆威特教授讲授的一节物理课上，他的物理测验的答案被人偷走了。有机会窃取这份答案的，只有阿莫斯、伯特和科布这三名学生。

(1)那天，这个教室里总共上了五节物理课。

(2)阿莫斯只上了其中的两节课。

(3)伯特只上了其中的三节课。

(4)科布只上了其中的四节课。

(5)迪姆威特教授只讲授了其中的三节课。

(6)这三名学生都只上了两节迪姆威特教授讲授的课。

(7)这三名被怀疑的学生出现在这五节课的每节课上

的组合各不相同。

(8)在迪姆威特教授讲授的一节课中，这三名学生中有两名来上了，另一名没有来上。事实证明来上这节课的那两名学生没有偷取答案。

这三名学生中谁偷了答案？

提示：这三名学生每人上了多少节不是迪姆威特教授讲授的物理课？为了满足条件(6)，迪姆威特教授讲授的每一节课，是不是这三名学生中必定有两名参加？

94. 常胜将军

阿贝、本、卡尔和唐这四人玩一种游戏，这种游戏的基本玩法是轮流从一堆筹码中取走筹码。其中有一个人每盘都赢。

(1)这四个人一共玩了50盘，每盘游戏开始时那堆筹码中的筹码数目都是偶数：第一盘开始时是2枚筹码，第二盘开始时是4枚筹码，依此类推，到第五十盘开始时是100枚筹码。

(2)在整个50盘游戏中，各人每次所取筹码的数目保持不变：要么一直取一枚筹码，要么一直取两枚筹码。如果取到最后只剩下一枚筹码，而轮到取的那个人是一直取两枚筹码的，他就"弃权"，让给下一个人取。

(3)在各盘游戏中，取筹码的顺序也总是保持不变：首先是阿贝，其次是本，再次是卡尔，然后是唐。

(4)在每一盘游戏中，规定谁取走最后一枚筹码谁赢。

这四个人中谁每盘都赢?

提示：根据(2)，各人每次所取筹码的数目都保持不变，而且各人都只有两种可能（一枚或两枚），那么把这四个人的每次所取枚数组合起来一共有多少种？无论这堆中筹码有多少枚筹码，哪一种组合总是导致同一个赢家？

95. 祸起萧墙

一天晚上，在一个由一对夫妇和他们的儿子、女儿组成的四口之家中，发生了一起谋杀案。家庭中的一个成员杀害了另一个成员；其他两个成员，一个是目击者，另一个则是凶手的同谋。

（1）同谋和目击者性别不同。

（2）最年长的成员和目击者性别不同。

（3）最年轻的成员和被害者性别不同

（4）同谋的年龄比被害者大。

（5）父亲是最年长的成员。

（6）凶手不是最年轻的成员。

在父亲、母亲、儿子和女儿这四人中，谁是凶手？

提示：最年轻的家庭成员是什么角色？谁是最年轻的家庭成员？

96. 扣在桌上的纸牌

八张编了号的纸牌扣在桌上，它们的相对位置如下图所示：

		1	
2	3	4	
	5	6	7
		8	

关于这八张牌：

(1)其中至少有一张Q。

(2)每张Q都在两张K之间。

(3)至少有一张K在两张J之间。

(4)没有一张J与Q相邻。

(5)其中只有一张A。

(6)没有一张K与A相邻。

(7)至少有一张K和另一张K相邻。

(8)这八张牌中只有K、Q、J和A这四种牌。

这八张纸牌中哪一张是A?

提示：哪几张纸牌可能是Q?

97. 棒球锦标

在棒球赛季的最后一周，猫咪棒球俱乐部联合会的野猫队、红猫队、美洲狮队和家猫队的得分仍并列第一。于是决定进行一系列的“季后赛”。在季后赛中赢的场数最多的一队将夺得锦标。

(1)在季后赛中，各队(以各队基地所在城市的名称表示)的得分情况如下：

	三场比赛中的得分记录
塞克斯顿城队	1–3–7
特里布尔城队	1–4–6
阿尔斯特城队	2–3–6
凡尔迪尤城队	2–4–5

(2)各队在季后赛中赢的场数各不相同。

(3)季后赛中每场比赛的比分各不相同。

(4)在各场比赛中两队得分差距最大的是3分。这个差距只出现过一次，在季后赛中输的场数最多的那个队输给对方3分。

(5)在季后赛的第一轮中有两个队的得分相同，在第二轮中有两个队的得分相同。(各队同时比赛一次称一“轮”。）

（6）在最后一轮中，野猫队的得分为较大的奇数，红猫队的得分为较小的奇数，美洲狮队的得分为较大的偶数，家猫队的得分为较小的偶数。

四支棒球队中的哪一支球队——野猫队、红猫队、美洲狮队，还是家猫队夺得了锦标？

提示：总共比赛了多少场？不考虑队名，每队赢了多少场？对于夺得锦标的队，可能是哪一种三场得分组合？对于输的场数最多的队，可能是哪一种三场得分组合？夺得锦标的队参加的比赛，结果可能是什么样的比分？输的场数最多的队参加的比赛，结果可能是什么样的比分？

98. L形餐桌

埃布尔和他的妻子贝布举行晚餐会。他们邀请了四对夫妇，其中的四位先生是凯恩、埃兹拉、吉恩和伊凡，四位夫人是迪多、法菲、赫拉和琼。

当他们全部在餐桌旁就坐的时候，其中一人站了起来，突然拔枪打死了另一人。L形餐桌周围的座位安排如下图所示：

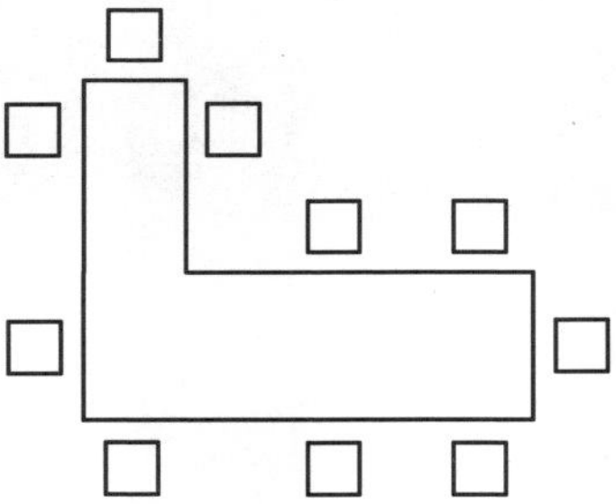

(1)他们按埃布尔—贝布—凯恩—迪多—埃兹拉—法菲—吉恩—赫拉—伊凡—琼的顺序沿顺时针方向围桌而坐。

(2)凶手和被害者隔着桌子在两张最新的椅子上相对而坐。

(3)凶手的配偶和被害者的配偶隔着桌子在两张最旧的椅子上相对而坐。

(4)唯一相邻而坐的一对夫妇是男主人和女主人。

(5)被害者没有与凶手的配偶相邻而坐。

(6)男主人单独坐在桌子的一个边上。

(7)凶手没有单独坐在桌子的一个边上。

(8)凶手和被害者都是客人。

这十人中谁是凶手?

提示：根据男主人的三个可能座位，根据可能的夫妻关系，并且根据凶手和被害者及他们配偶的相对位置，可以求出正确的座位安排。于是凶手即可从其座位判别出来。

99. 立方体

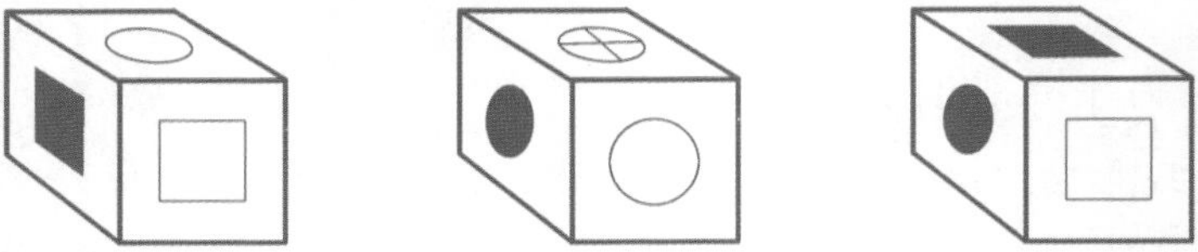

视图1　　　　视图2　　　　视图3

上面是同一立方体的三个视图。在这些视图中，立方体的每一个可视面上都有一个图形，一共有五种图形：

稍加分析便可知道，这五种图形中必定有一种会在立方体上出现两次。实际上，有三种图形，其中任何一种都有可能在立方体上出现两次。

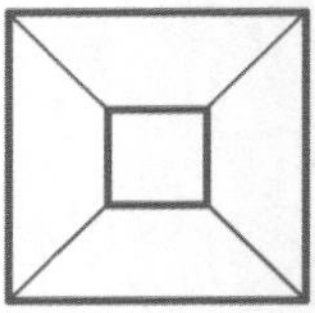

但是，这个立方体的主人如实地说："在立方体上出现两次的那个图形不在这三个视图中立方体的底面上。"这样，只有一种图形可以在立方体上出现两次。

在这五种图形中，在立方体上出现两次的是哪种图形？

注：如果你觉得难以同时看到立方体的六个面，你可以用纸制作一个立方体，或者照下图画出立方体的多面图。在这种多面图中，除了底面外，其他各面都可以同时看到。

提示：任一种图形，或是出现一次或是出现两次。选定这样一种图形：当假设它只出现一次时，可立即推断出其他四个面上的图形；当假设它出现两次时，可通过另一种图形推断出所有面上的图形[1]。

①原文提示似让人不得要领，此处由译者根据答案另行编写。——译者注

100. 长方形餐桌

哈里和他的妻子哈里雅特举行晚餐会，邀请的客人有：他的弟弟巴里和巴里的妻子巴巴拉；他的姐姐萨曼莎和萨曼莎的丈夫塞谬尔；邻居内森和内森的妻子纳塔莉。当他们全部在餐桌旁就坐的时候，其中一人突然拔枪向另一个人射击。长方形餐桌周围的座位安排如右图所示：

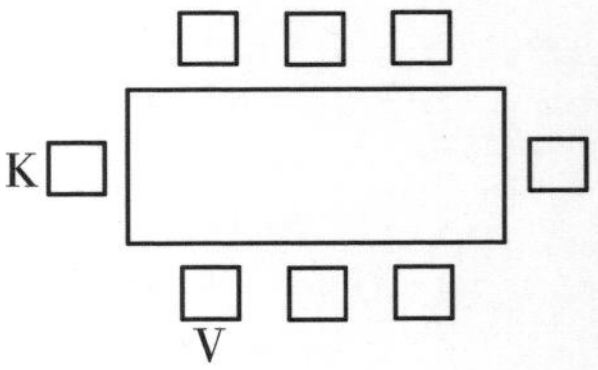

（1）凶手坐在标有K的座位上。

（2）被害者坐在标有V的座位上。

（3）每位男士都坐在他妻子的对面。

（4）男主人是唯一坐在两位女士之间（即沿桌子边缘左侧是一位女士，右侧是另一位女士）的男士。

（5）男主人没有坐在他姐姐的旁边。

（6）女主人没有坐在男主人弟弟的旁边。

（7）被害者和凶手曾是夫妻关系，现已离异。

这八人中谁是凶手？

提示：就坐的男士们和女士们性别之间有怎样的联系？注意巴里和萨曼莎是姐弟关系。

答案

Answers

★答案 1

根据(1)和(2),如果阿德里安要的是火腿,那么布福德要的就是猪排,卡特要的也是猪排。这种情况与(3)矛盾。因此,阿德里安要的只能是猪排。

于是,根据(2),卡特要的只能是火腿。

因此,只有布福德才能昨天要火腿,今天要猪排。

★答案 2

$A+B+C$ 或 $A+D+E$ 都不可能大于27(即9+9+9)。因为 G、H 和 I 代表不同的数字,所以,右列要给中列进位一个数,而中列也要给左列进位一个数,并且这两个进位的数不能相同。在一列的和小于或等于27的情况下,唯一能满足这种要求的是一列的和为19。因此,$A+B+C$ 或 $A+D+E$ 必定等于19。

于是,$F\ G\ H\ I$ 等于2109。

排除了0、1、2、9这四个数字之后,哪三个不同数字之和为19呢?经过试验,可以得出这样的两组数字:4、7、8与5、6、8。因此,A 代表8。两种可能的加法是:

$$\begin{array}{r} 888 \\ 777 \\ +\ 444 \\ \hline 2109 \end{array} \quad 和 \quad \begin{array}{r} 888 \\ 666 \\ +\ 555 \\ \hline 2109 \end{array}$$

★答案 3

由于$B+B$必须进位，而进位的数字充其量是1，所以A是9，E是1，F是0。

于是B必定大于4。

如果B是5，则G是0或1，这与不同字母代表不同数字的要求相违背。

所以，B不能是5。

如果B是6，则G是2或3；如果B是7，则G是4或5；如果B是8，则G是6或7。这六种可能是：

(1)

$$\begin{array}{r}96CD\\+\quad 6CD\\\hline 102HI\end{array}$$

(2)

$$\begin{array}{r}96CD\\+\quad 6CD\\\hline 103HI\end{array}$$

(3)

$$\begin{array}{r}97CD\\+\quad 7CD\\\hline 104HI\end{array}$$

(4)

$$\begin{array}{r}97CD\\+\quad 7CD\\\hline 105HI\end{array}$$

(5)

$$\begin{array}{r}98CD\\+\quad 8CD\\\hline 106HI\end{array}$$

(6)

$$\begin{array}{r}98CD\\+\quad 8CD\\\hline 107HI\end{array}$$

在(1)、(3)、(5)中，$C+C$没有进位，所以C必定小于5。在(2)、(4)、(6)中，$C+C$进位1，所以C必定大于4。这样，上述六种可能可以发展成十五个式子：

(1a)

$$\begin{array}{r} 963D \\ +\quad 63D \\ \hline 1027I \end{array}$$

(1b)

$$\begin{array}{r} 964D \\ +\quad 64D \\ \hline 1028I \end{array}$$

(2a)

$$\begin{array}{r} 967D \\ +\quad 67D \\ \hline 1034I \end{array}$$

(2b)

$$\begin{array}{r} 967D \\ +\quad 67D \\ \hline 1035I \end{array}$$

(2c)

$$\begin{array}{r} 968D \\ +\quad 68D \\ \hline 1037I \end{array}$$

(3a)

$$\begin{array}{r} 972D \\ +\quad 72D \\ \hline 1045I \end{array}$$

(3b)

$$\begin{array}{r} 973D \\ +\quad 73D \\ \hline 1046I \end{array}$$

(4a)

$$\begin{array}{r} 976D \\ +\quad 76D \\ \hline 1052I \end{array}$$

(4b)

$$\begin{array}{r} 976D \\ +\quad 76D \\ \hline 1053I \end{array}$$

(4c)

$$\begin{array}{r} 978D \\ +\quad 78D \\ \hline 1056I \end{array}$$

(5a)

$$\begin{array}{r} 982D \\ +\quad 82D \\ \hline 1064I \end{array}$$

(5b)

$$\begin{array}{r} 982D \\ +\quad 82D \\ \hline 1065I \end{array}$$

(5c)

$$\begin{array}{r} 983D \\ +\quad 83D \\ \hline 1067I \end{array}$$

(6a)

$$\begin{array}{r} 986D \\ +\quad 86D \\ \hline 1072I \end{array}$$

(6b)

$$\begin{array}{r} 986D \\ +\quad 86D \\ \hline 1073I \end{array}$$

继续用前面的方法进行推理,可以排除掉十一种可能,从而留下四种可能:

(3a)	(4a)	(4c)	(5b)
9728	9764	9782	9827
+ 728	+ 764	+ 782	+ 827
10456	10528	10564	10654

因此，无论是哪一种情况，**缺失的数字总是3。**

★答案 4

由于医生和护士的总数是16名，从(1)和(4)得知：护士至少有9名，男医生最多是6名。于是，按照(2)，男护士必定不到6名。

根据(3)，女护士少于男护士，所以男护士必定超过4名。

根据上述推断，男护士多于4名少于6名，故男护士必定正好是5名。

于是，护士必定不超过9名，从而正好是9名，包括5名男性和4名女性，于是男医生则不能少于6名。这样，必定只有一名女医生，使得总数为16名。

如果把一名男医生排除在外，则与(2)矛盾；把一名男护士排除在外，则与(3)矛盾；把一名女医生排除在外，则与(4)矛盾；把一名女护士排除，则与任何一条都不矛盾。**因此，说话的人是一位女护士。**

★答案 5

根据安娜和贝思的供词的真伪，可以把科拉的死因列表如下：

	安娜的供词	贝思的供词
真	被贝思所杀害 或 自杀 或 意外事故	被谋杀 或 自杀
伪	被谋杀但非贝思所为	意外事故

由于无论这两位女士的供词是真是假，警察的两个假定覆盖了一切可能的情况。又由于两个假定不能同时适用，所以只有一个假定是适用的。

假定(1)不能适用，因为如果这个假定能适用，则贝思的供词就不是实话。所以只有假定(2)是适用的。

既然假定(2)是适用的，那贝思的供词就不能是虚假的，所以只有安娜的供词是虚假的。**于是，科拉必定是死于被谋杀。**

★答案 6

根据(1),艾伦、克莱和厄尔各比赛了两场;因此,从(4)得知,他们每人在每一次联赛中至少胜了一场比赛。根据(3)和(4),艾伦在第一次联赛中胜了两场比赛;于是克莱和厄尔第一次联赛中各胜了一场比赛。这样,在第一次联赛中各场比赛的胜负情况如下:

艾伦胜巴特	艾伦胜厄尔(第四场)
克莱胜迪克	克莱负厄尔(第三场)

根据(2)以及艾伦在第二次联赛中至少胜一场的事实,艾伦必定又打败了厄尔或者又打败了巴特。如果艾伦又打败了厄尔,则厄尔必定又打败了克莱,这与(2)矛盾。所以艾伦不是又打败了厄尔,而是又打败了巴特。这样,在第二次联赛中各场比赛的胜负情况如下:

艾伦胜巴特(第一场)	艾伦负厄尔(第二场)
克莱负迪克(第四场)	克莱胜厄尔(第三场)

在第二次联赛中,只有迪克一场也没有输。因此,根据(4),**迪克是第二场比赛的冠军。**

注:由于输一场即被淘汰,各场比赛的顺序如上面括号内所示。

★答案 7

根据(1),三人中有一位父亲、一位女儿和一位同胞手足。如果瓦尔的父亲是克里斯,那么克里斯的同胞手足必定是林恩。于是,林恩的女儿必定是瓦尔。从而瓦尔是林恩和克里斯二人的女儿,而林恩和克里斯是同胞手足,这是乱伦关系,是不允许的。

因此,瓦尔的父亲是林恩。于是,根据(2),克里斯的同胞手足是瓦尔。从而,林恩的女儿是克里斯。再根据(1),瓦尔是林恩的儿子。**因此,克里斯是唯一的女性。**

★答案 8

根据(4)和(5),第一位和第二位见习医生在星期四休假;根据(4)和(6),第一位和第三位见习医生在星期日休假。因此,根据(3),第二位见习医生在星期日值班,第三位见习医生在星期四值班。

根据(4),第一位见习医生在星期二休假。再根据(3),第二位和第三位见习医生在星期二值班。

上述信息可以列表如下(“X”表示值班,“-”表示休假):

星期	日	一	二	三	四	五	六
第一位见习医生	–		–		–		
第二位见习医生	X		X		–		
第三位见习医生	–		X		X		

根据(2),第二位见习医生在星期一休假,第三位见习医生在星期三休假。根据(5),第二位见习医生在星期六休假。因此,根据(1),**三位见习医生在星期五同时值班。**

一星期中其余三天的安排,可以按下述推理来完成。根据(2),第三位见习医生在星期六休假。根据(3),第一位见习医生在星期一、星期三和星期六值班;第二位见习医生在星期三值班;第三位见习医生在星期一值班。

★答案 9

根据(3)和(5),如果安妮特非常聪明,那她也多才多艺。根据(5),如果安妮特富有,那她也多才多艺。根据(1)和(2),如果安妮特既不富有也不聪明,那她也是多才多艺。因此,无论哪一种情况,安妮特总是多才多艺。

根据(4),如果克劳迪娅非常漂亮,那她也多才多艺。根据(5),如果克劳迪娅富有,那她也多才多艺。根据(1)和(2),如果克劳迪娅既不富有也不漂亮,那她也是多才多艺。因此,无论哪一种情况,克劳迪娅总是多才多艺。

于是，根据(1)，伯尼斯并非多才多艺。再根据(4)，伯尼斯并不漂亮。从而根据(1)和(2)，伯尼斯既聪明又富有。

再根据(1)，安妮特和克劳迪娅都非常漂亮。于是根据(2)和(3)，安妮特并不聪明。从而根据(1)，克劳迪娅很聪明。最后，根据(1)和(2)，安妮特应该很富有，而**克劳迪娅并非腰缠万贯。**

★答案 10

M 大于1，$M \times A$ 小于10，因此，如果 A 不是1，则 M 和 A 是下面两对数字中的一对：

(1)2和4　　　或　　　(2)2和3

以 M 和 A 的这些数字代入算式，我们寻求 F 的值，使得 $M \times F$ 的末位数为 A。为了寻求适当的 F 值，我们还得寻求 E 的值，使得 $M \times E$ 加上进位的数字后末位数为 F。如此逐步进行，我们会发现：在(1)的情况下，当 $M=2$ 时，D 不会有合适的数值，而当 $M=4$ 时，D 或 E 不会有合适的数值；在(2)的情况下，当 $M=2$ 时，F 不会有合适的数值，但当 $M=3$ 时，出现一个合适的乘法算式：

$$\begin{array}{r} 285714 \\ \times \qquad 3 \\ \hline 857142 \end{array}$$

上述推理是假定A不是1。如果A是1,则M和F一个是7另一个是3。当M是7时,E和F都是3;但当M是3时,则出现一个合适的乘法算式:

$$\begin{array}{r} 1\ 4\ 2\ 8\ 5\ 7 \\ \times \qquad\qquad 3 \\ \hline 4\ 2\ 8\ 5\ 7\ 1 \end{array}$$

所以无论哪一种情况,M都是代表数字3。

★答案 11

根据陈述中的假设,(1)和(2)中只有一个能适用于实际情况。同样,(3)和(4),(5)和(6),也是两个陈述中只有一个能适用于实际情况。根据陈述中的结论,(1)和(5)不可能都适用于实际情况。同样,(2)和(3),(4)和(6),也是两个陈述不可能都适用于实际情况。因此,要么(1)、(3)和(6)组合在一起适用于实际情况,要么(2)、(4)和(5)组合在一起适用于实际情况。

如果(1)、(3)和(6)适用于实际情况,则根据这些陈述的结论,导演是费伊,一位布莱克家的女歌唱家。于是,根据陈述中的假设,任电影主角的是埃兹拉,一位布莱克家的男歌唱家。

如果(2)、(4)和(5)适用于实际情况,则根据陈述中的结论,导演是亚历克斯,一位怀特家的男舞蹈家。于是,根据陈述中的假设,任电影主角的是埃兹拉,一位布莱克家的男歌唱家。

因此,无论是哪一种情况,**任电影主角的是埃兹拉**。

★答案 12

根据(1),奥德丽做健美操的日子,不是星期日和星期五,便是星期一和星期六。

Ⅰ.如果奥德丽在星期日和星期五做健美操,那么根据(2)和(5),布伦达在星期二和星期六做健美操。

Ⅱ.如果奥德丽在星期一和星期六做健美操,那么根据(2)和(5),布伦达在星期日和星期四做健美操。

如果Ⅰ能适用于实际情况,则根据(5),康拉德和丹尼尔做健美操的日子是星期一、星期三和星期四;根据(3)和(4),具体在哪一天,可以是

Ⅰa.康拉德在星期一和星期四做健美操,丹尼尔在星期三做健美操,或者

Ⅰb.丹尼尔在星期一和星期三做健美操,康拉德在星期四做健美操。

如果Ⅱ能适用于实际情况,则根据(5),康拉德和丹尼尔做健美操的日子是星期二、星期三和星期五;根据(3)和(4),具体在哪一天,可以是:

Ⅱa.康拉德在星期二和星期五做健美操，丹尼尔在星期三做健美操，或者

Ⅱb.丹尼尔在星期三和星期五做健美操，康拉德在星期二做健美操。

上述结果可以列表如下：

	奥德丽	布伦德	康拉德	丹尼尔
Ⅰa	星期日、五	星期二、六	星期一、四	星期三
Ⅰb	星期日、五	星期二、六	星期四	星期一、三
Ⅱa	星期一、六	星期日、四	星期二、五	星期三
Ⅱb	星期一、六	星期日、四	星期二	星期三、五

根据(3)和(5)，在Ⅰb和Ⅱb中，康拉德没有另一个日子可做健美操。根据(4)和(5)，在Ⅰa中，丹尼尔可在星期五做健美操；在Ⅱa中，丹尼尔可在星期一做健美操。在这两种情况中，**史密斯家的成员总是奥德丽和丹尼尔。**

★答案 13

根据(2)，各人汽艇在静水中每小时行驶的英里[①]数，等于各人帐篷至奥斯本帐篷的距离的英里数。设d为这个距离(单位为英里)，r为各艘汽艇的在静水中的速度(单位为英里/小时)，t为返程所花的时间(单位为小时)。根据

①英里，英制长度单位。1英里合1.6093千米。——译者注

(3),设c为水流的速度(单位为英里/小时)。逆流而上时,$d/(r-c)=r/(r-c)=t$;顺流而下时,$d/(r+c)=r/(r+c)=t$。

于是,根据(1)和(4),各人去程和返程所用的时间如下:

	去程所用时间(小时)	返程所用时间(小时)
威尔逊	$r/(r-c)=5/4$	$r/(r+c)=t$
泽维尔	$r/(r-c)=7/6$	$r/(r+c)=t$
约曼	$r/(r+c)=5/6$	$r/(r-c)=t$
曾格	$r/(r+c)=3/4$	$r/(r-c)=t$

其中,r和t是因人而异,而c则对各人都一样。

对于威尔逊,$r=5c$,$t=5/6$,即50分钟。对于泽维尔,$r=7c$,$t=7/8$,即$52\frac{1}{2}$分钟。对于约曼,$r=5c$,$t=5/4$,即75分钟。对于曾格,$r=3c$,$t=3/2$,即90分钟。

所以,各人花在往返旅程上的全部时间,威尔逊是125分钟,泽维尔是$122\frac{1}{2}$分钟,约曼是125分钟,曾格是135分钟。

因此,泽维尔的全程时间最短。

结果,由于约曼帐篷同奥斯本帐篷的距离为$5c$,而曾格帐篷同奥斯本帐篷的距离为$3c$,所以在上游约曼的帐篷比曾格的帐篷更远。由于在下游泽维尔帐篷同奥斯本帐篷的距离是7*c*，而威尔逊是5*c*，因此——也许令人惊讶——泽维尔的帐篷最远。

★答案 14

在以下各表中，A代表奥尔登，B代表布伦特，C代表克雷格，D代表德里克，g代表高中学历，w代表至少两年的工作经验，v代表退伍军人，r代表有符合要求的证明书，X代表满足要求，O代表不满足要求。下表是运用(4)和(5)得到的结果。

	A	B	C	D
g				
w				
v		X	X	
r				X

接着，根据(2)和(3)，得到下列填好了一部分的四张表。

Ⅰ

	A	B	C	D
g	X	X		
w			X	X
v		X	X	
r				X

Ⅱ

	A	B	C	D
g	X	X		
w			O	O
v		X	X	
r				X

Ⅲ

	A	B	C	D
g	O	O		
w			X	X
v		X	X	
r				X

Ⅳ

	A	B	C	D
g	O	O		
w			O	O
v		X	X	
r				X

在Ⅳ中,没人能同时满足g和w这两项要求,所以根据(1),把表Ⅳ排除。

根据(1),可在表Ⅰ、Ⅱ和Ⅲ中填上一些O,从而得到:

Ⅰ

	A	B	C	D
g	X	X	O	
w		O	X	X
v	O	X	X	O
r			O	X

Ⅱ

	A	B	C	D
g	X	X		
w			O	O
v	O	X	X	
r				X

Ⅲ

	A	B	C	D
g	O	O		
w		O	X	X
v		X	X	O
r			O	X

还是根据(1),在表Ⅰ、Ⅱ和Ⅲ中,都可以各填上一个X,从而得到:

Ⅰ

	A	B	C	D
g	X	X	O	
w		O	X	X
v	O	X	X	O
r		X	O	X

Ⅱ

	A	B	C	D
g	X	X		
w		X	O	O
v	O	X	X	
r				X

Ⅲ

	A	B	C	D
g	O	O		X
w		O	X	X
v		X	X	O
r			O	X

还是根据(1),在表Ⅰ、Ⅱ和Ⅲ中,都可以各填上一些O,从而得到:

Ⅰ

	A	B	C	D
g	X	X	O	O
w		O	X	X
v	O	X	X	O
r	O	X	O	X

Ⅱ

	A	B	C	D
g	X	X	O	
w	O	X	O	O
v	O	X	X	
r				X

Ⅲ

	A	B	C	D
g	O	O	O	X
w		O	X	X
v		X	X	O
r			O	X

根据(1),由于在表Ⅲ中没人能同时满足g和v这两项要求,所以把表Ⅲ排除。至此,已可看出,只有布伦特能比其他三人满足更多的要求,**所以被雇用的是布伦特。**

要完成表Ⅰ和Ⅱ,可根据(1)各填上一些X,从而得到:

I

	A	B	C	D
g	X	X	O	O
w	X	O	X	X
v	O	X	X	O
r	O	X	O	X

Ⅱ

	A	B	C	D
g	X	X	O	
w	O	X	O	O
v	O	X	X	
r		X		X

只要再填上一些O,表Ⅱ即可完成。

★答案 15

根据(1),必然是以下情况(A、B和C各代表一对中的一张,M代表“老处女”):

多萝西手中	洛雷塔手中	罗莎琳手中
A	B C	A B C M

然后,根据(2)、(3)和(4),抽牌只能按下列某一过程进行:

(a)

A	ABCM	BC
AB	ACM	BC
AB	AMC̸C̸	B
B	AM	AB
BM	A	AB
BM	AB	A

(b)

A	ABCM	BC
AM	ABC	BC
AM	ABC̸C̸	B
M	AB	AB
MB	A	AB

(c)

A	BC	ABCM
AB	C	ABCM
AB	CA	BCM

(d)

A	BC	ABCM
AB	C	ABCM
AB	CM	ABC
B	CM	~~AA~~BC
BC	M	B
BC	MB	C

(e)

A	BC	ABCM
AB	C	ABCM
AB	~~CC~~	ABM
B	—	~~AA~~BM
~~BB~~	—	M

(f)

A	BC	ABCM
AB	C	ABCM
AB	~~CC~~	ABM
B	—	~~AA~~BM
BM	—	B
M	—	~~BB~~

根据(4),过程(a)、(b)、(c)、(d)不能完成,因此都加以排除。

根据(5),可排除过程(e)。

因此过程(f)是实际进行的过程,**是多萝西手中留下了"老处女"**。

★答案 16

根据(3),这四个人的坐法有4种可能(A代表艾丽斯,B代表布赖恩,C代表卡罗尔,D代表戴维):

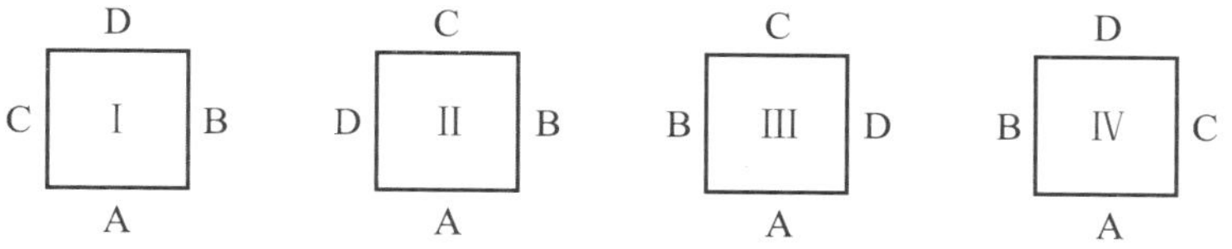

根据(1)和(2),Ⅰ和Ⅱ可以排除,而Ⅲ和Ⅳ变成:

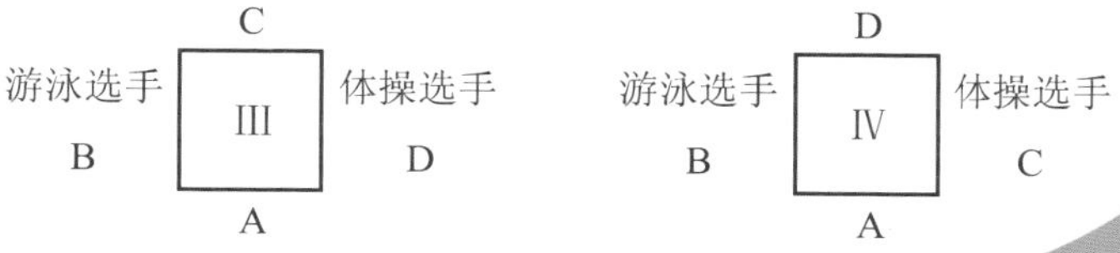

根据(4),Ⅲ可排除,而且滑冰选手必定是戴维。

因此,艾丽斯是网球选手。

★答案 17

$A\times CB=D\ D\ D$。

$A\times CB=D\times 111$。

$A\times CB=D\times 3\times 37$。

因而CB为37或74(即2×37)。

如果CB为37,则$A=3D$。

如果CB为74,则$2A=3D$。

于是A、B、C和D的值有六种可能,如下表:

	$C\ B$	D	A
(a)	3 7	1	3
(b)	3 7	2	6
(c)	3 7	3	9
(d)	7 4	2	3
(e)	7 4	4	6
(f)	7 4	6	9

由于每个字母各代表一个不同的数字,(a)、(c)、(e)这三种可能可以排除。

以(b)、(d)、(f)的数值作实际运算,可以确定在每种情况下E、F和G所代表的数字。我们得到如下三个式子：

$$\begin{array}{r} 6 \\ \times\ 37 \\ \hline 42 \\ 18 \\ \hline 222 \end{array} \qquad \begin{array}{r} 3 \\ \times\ 74 \\ \hline 12 \\ 21 \\ \hline 222 \end{array} \qquad \begin{array}{r} 9 \\ \times\ 74 \\ \hline 36 \\ 63 \\ \hline 666 \end{array}$$

(b) (d) (f)

其中只有(b)是每个字母各代表一个不同的数字。**所以D代表数字2。**

★答案 18

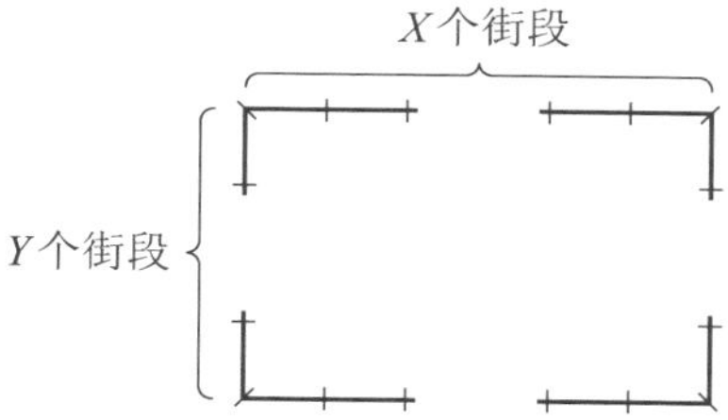

如上图所示，对于(3)中所指的两个城市，以X代表其长方形城区一条边界上的街段数目，以Y代表另一条边界上的街段数目。于是整个边界的街段数目等于

$$X+Y+X+Y，即 2X+2Y$$

而市内街段的数目等于

$$X(Y-1)+Y(X-1)，即(XY-X)+(XY-Y)$$

根据(3)，对于两个城市而言

$$2X+2Y=XY-X+XY-Y$$

解出 X，

$$X=3Y/(2Y-3),$$

解出 Y，

$$Y=3X/(2X-3)。$$

这表明 X 和 Y 都得大于1。依次设 Y 为2、3、4、5、6和7，得出下列数值：

Y	X
2	6
3	3
4	$\frac{12}{5}$
5	$\frac{5}{7}$
6	2
7	$\frac{21}{11}$

既然 X 必须大于1，而且根据(1)必须是整数，那么除了上列中的整数之外，X 再也没有别的整数值了。

根据(1)和上列数值，这两个城市沿一侧边界的街段数目都是2、3或6。根据(2)，沿北部边界，阿灵顿有3个街段，布明汉有6个街段，坎顿韦尔有9个街段。

由于沿北部边界有9个街段的城市，不可能满足表示条件(3)的方程，**所以坎顿韦尔就是那个市内街段数目不等于沿边界街段数目的城市。**

总而言之，阿灵顿的沿边界街段和市内街数的数目都是12，而布明汉的这两个数目都是16。

★答案 19

根据(2)，三人手中剩下的牌总共可以配成4对。再根据(3)，洛伊丝和多拉手中的牌加在一起能配成3对，洛伊丝和罗斯手中的牌加在一起能配成一对，而罗斯和多拉手中的牌加在一起一对也配不成。

根据以上的推理，各个对子的分布(A、B、C和D各代表一个对子中的一张)如下：

洛伊丝手中的牌	多拉手中的牌	罗斯手中的牌
A B C D	A B C	D

根据(1)和总共有35张牌的事实，洛伊丝和罗斯各分到12张牌，多拉分到11张牌。因此，在把成对的牌打出之后，多拉手中剩下的牌是奇数，而洛伊丝和罗斯手中剩下的牌是偶数。**于是，单张的牌一定是在罗斯的手中。**

★答案 20

根据(1)和(2)，至少玩了5盘；根据(1)和(3)，最多玩了6盘。

如果是玩了5盘，那么根据(2)，这一轮的赢家必然赢了第一、第三和第五盘。但是，根据(3)、(4)和(5)，在这三盘中，每人必定会轮上一次发牌。这样，与(6)发生矛盾，因此无疑是玩了6盘。

由于是玩了6盘，根据(3)、(4)和(5)，查尔斯是最后一盘也就是第六盘的发牌者。根据(1)，最后一盘也就是第六盘的赢家便是这一轮的赢家；于是根据(6)，安东尼或伯纳德赢了最后一盘也就是第六盘，是这一轮的赢家。

如果安东尼赢了第六盘，根据(6)，他就不会赢第一盘或第四盘；而根据(2)，他也不会赢第五盘。于是，他只会赢了第二和第三盘，这种情况与(2)有矛盾。因此，安东尼在第六盘中没有获胜。

这样，伯纳德必定赢了第六盘，也就是说**伯纳德是这一轮的赢家。**

这一轮牌中按各盘获胜者排出的序列可能有4种(A代表安东尼，B代表伯纳德，C代表查尔斯)：

	发牌者	A	B	C	A	B	C
Ⅰ	获胜者	B	A	B	C	A	B
Ⅱ	获胜者	B	C	B	C	A	B
Ⅲ	获胜者	B	C	A	B	A	B
Ⅳ	获胜者	B	C	A	B	C	B

★答案 21

根据(1)、(3)和(4),黛布和伊芙当中必定有一位与埃达和茜德属于同一个年龄档;因此,埃达和茜德都小于30岁。按照(7),弗里曼先生不会与埃达或茜德结婚。

根据(2)、(5)和(6),茜德和黛布当中必定有一位与比和伊芙从事同样的职业;因此,比和伊芙是秘书。按照(7),弗里曼先生不会与比或伊芙结婚。

排除以上四位,**弗里曼先生将和黛布女士结婚,**她必定是一位年龄大于30岁的教师。

从以上的推理中,我们还可以知道其他四位女士的情况:伊芙必定小于30岁,比必定大于30岁;茜德必定是位秘书,而埃达必定是位教师。

★答案 22

四位音乐家的座位安排,有以下六种可能(A代表阿琳,B代表伯顿,C代表谢里尔,D代表唐纳德):

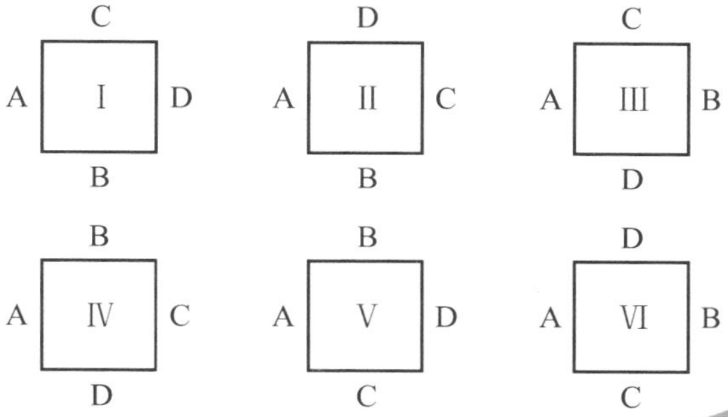

根据(1)和(3),可以排除Ⅰ和Ⅱ,而Ⅲ、Ⅳ、Ⅴ和Ⅵ变为:

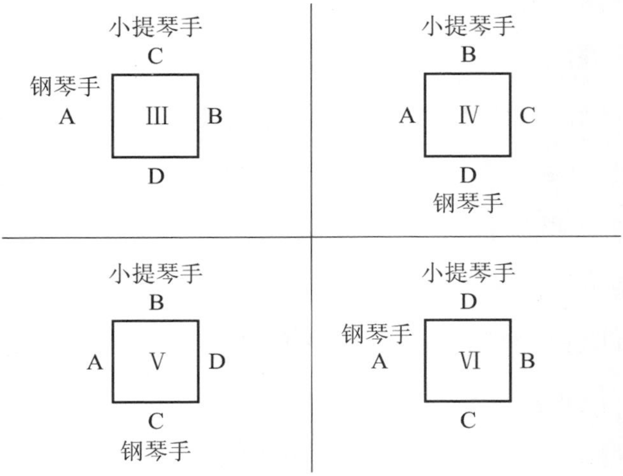

根据(5),可以排除Ⅲ和Ⅳ。再根据(2),Ⅴ和Ⅵ变为:

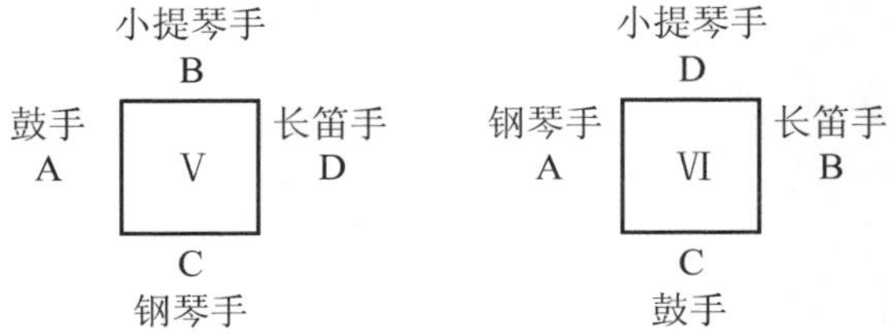

根据(4),可以排除Ⅴ。**因此鼓手必定是谢里尔。**

★答案 23

根据(1),每个人的三嗜好组合必是下列组合之一:

(i)咖啡,狗,雪茄　　(v)咖啡,狗,烟斗

(ii)咖啡,猫,烟斗　　(vi)咖啡,猫,雪茄

(iii)茶,狗,烟斗　　　　(vii)茶,狗,雪茄

(iv)茶,猫,雪茄　　　　(viii)茶,猫,烟斗

根据(5),可以排除(iii)和(viii)。于是,根据(6),(ii)是某个人的三嗜好组合。接下来,根据(8),(v)和(vi)可以排除。再根据(8),(iv)和(vii)不可能分别是某两人的三嗜好组合;因此(i)必定是某个人的三嗜好组合。然后根据(8),排除(vii);于是余下来的(iv)必定是某个人的三嗜好组合。

根据(2)、(3)和(4),住房居中的人符合下列情况之一:

Ⅰ.抽烟斗而又养狗,

Ⅱ.抽烟斗而又喝茶,

Ⅲ.养狗而又喝茶。

既然这三人的三嗜好组合分别是(i)、(ii)和(iv),那么住房居中者的三嗜好组合必定是(i)或者(iv),如下所示:

(ii)	(i)	(iv)		(ii)	(iv)	(i)
咖啡	咖啡	茶		咖啡	茶	咖啡
猫	狗	猫	或	猫	猫	狗
烟斗	雪茄	雪茄		烟斗	雪茄	雪茄

根据(7),(iv)不可能是住房居中者的三嗜好组合;因此,根据(4),**卡尔文的住房居中。**

★答案 24

运用(1)和(2),通过反复试验可以发现如下的四种持币情况(H代表50美分,Q代表25美分,D代表10美分,N代表5美分):

60美分	75美分
Ⅰ QQD	Ⅲ HNNNNN
Ⅱ NNH	Ⅳ QDDDDD

于是,根据(3)和(4),辛迪的持币情况必定是Ⅳ。再从(3)和(4),贝齐的持币情况必定是Ⅲ。再从(3)和(4),迪莉娅的持币情况必定是Ⅱ。再从(3)和(4),阿格尼丝的持币情况必定是Ⅰ。

因此,在付账之后,各人持有的硬币为:

阿格尼丝(Ⅰ)——QQ　　贝齐(Ⅲ)——HN

迪莉娅(Ⅱ)——N　　辛迪(Ⅳ)——DDD

根据(5),**阿格尼丝和贝齐是姐妹俩。**

★答案 25

根据(2),在五人之中有医生的一个孩子,所以除了女儿的儿子,其他人都可能是医生。同样是根据(2),在五人之中有病人的一位父亲或母亲,所以病人要么是女儿,要么是女儿的儿子。

根据(3a),如果布兰克先生或者他的夫人是医生,那么他的女儿就不是病人;同时,如果他的女儿或者他女儿的丈夫是医生,他女儿的儿子就不是病人。

因此,医生与病人的配对必定是下列情况之一:

	医生	病人
(A)	布兰克先生	他女儿的儿子
(B)	他的夫人	他女儿的儿子
(C)	他的女儿	他的女儿
(D)	他女儿的丈夫	他的女儿

根据(1),可排除情况(C)。

情况(A)和(B)中,医生的孩子就是布兰克先生的女儿;但是根据(2),病人父母亲中年龄较大的那一位也是布兰克先生的女儿。这种情况与(3b)发生矛盾,因此情况(A)和(B)也可排除。

(D)必定是实际的情况,也就是说,**医生是布兰克先生女儿的丈夫**。这也符合(2)和(3b)的要求,即医生的孩子和病人父母亲中年龄较大的那一位都是男性,但不是同一个人。

★答案 26

从题目中可以看出,M不可能是0或1,而且$M\times B$

小于10;A大于M,故M不可能是9,而且A必定大于2。因此,M、A、B和F的值必然是下列各种组合之一:

	a	b	c	d		e	f		g		h		i		j	k		l	m	n		o				p	q	r
M	8	7	7	6	6	6	5	5	5	5	4	4	4	4	4	3	3	3	3	3	3	2	2	2	2	2	2	2
A	9	8	9	7	8	9	6	7	8	9	5	6	7	8	9	4	5	6	7	8	9	3	4	5	6	7	8	9
B	1	1	1	1	1	1	1	1	1	1	1	1	1	2	2	1	1	2	2	2	3	1	2	2	3	3	4	4
F	2	6	3	2	8	4	0	5	0	5	0	4	8	2	6	2	5	8	1	4	7	6	8	0	2	4	6	8

上表中未标明字母者,是由于有重复数值而应加以排除。

为了得出哪一组数值可以产生其余字母所代表的唯一数值,可采用以下方法。

计算M×A得F。类似地,再计算M×F,可能要加上进位的数字,得到E。如此类推。一旦出现某一字母的值不唯一的情况,便把该组排除。结果,只留下j组,即

$$\begin{array}{r} 2\ 3\ 0\ 7\ 6\ 9 \\ \times \qquad\quad 4 \\ \hline 9\ 2\ 3\ 0\ 7\ 6 \end{array}$$

所以,M代表的数字是4。

★答案 27

根据(2),阿莫斯有三枚25美分的硬币。因此,根据

(1),他持有的硬币是下列三种情况之一(Q代表25美分,D代表10美分,N代表5美分):

QQQDDN,QQQDNNN或QQQNNNNN

于是,根据(1),每个人的硬币枚数只可能是六枚、七枚或者八枚。反复试验表明,用只包括两枚25美分硬币的六枚硬币组成1美元,和用只包括一枚25美分硬币的八枚硬币组成1美元都是不可能的。因此,每人身上都带有七枚硬币。各种不同的组合如下(H代表50美分):

六枚硬币	七枚硬币	八枚硬币
Q Q Q D D N	Q Q Q D N N N	Q Q Q N N N N N
Q Q ? ? ? ?	Q Q D D D D D	Q Q D D D D N N
Q H D N N N	Q H N N N N N	Q ? ? ? ? ? ? ?
H D D D D D	H D D D D N N	H D D D N N N N

然后根据(3),每份账单的款额(以美分为单位)是以下各数之一:5,10,15,20,25,30,35,40,45,50,55,60,65,70,75,80,85,90,95,100。依次假定每份账单的款额为上列各数,我们发现:除了款额为5、15、85或95美分之外,四人都能不用找零。如果款额为5、15、85或95美分,唯独是有两枚25美分硬币的伯特需要找零。**因此,伯特需要找零。**

★答案 28

根据(1a)和(2a),利兹第一次去健身俱乐部的日子必定是以下二者之一:

(A)肯第一次去健身俱乐部那天的第二天。

(B)肯第一次去健身俱乐部那天的前六天。

如果(A)是实际情况,那么根据(1b)和(2b),肯和利兹第二次去健身俱乐部便是在同一天,而且在20天后又是同一天去健身俱乐部。根据(3),他们再次都去健身俱乐部的那天必须是在二月份。可是,肯和利兹第一次去健身俱乐部的日子最晚也只能分别是一月份的第六天和第七天;在这种情况下,他们在一月份必定有两次是同一天去健身俱乐部:1月11日和1月31日。因此(A)不是实际情况,而 (B)是实际情况。

在情况(B)下,一月份的第一个星期二不能迟于1月1日,否则随后的那个星期一将是一月份的第二个星期一。因此,利兹是1月1日开始去健身俱乐部的,而肯是1月7日开始去的。于是,根据(1b)和(2b),他二人在一月份去健身俱乐部的日期分别为:

利兹:1日,5日,9日,13日,17日,21日,25日,29日;

肯:7日,12日,17日,22日,27日。

因此,根据(3),**肯和利兹相遇于1月17日。**

★答案 29

运用(2)中的信息，可以进行如下的推理。李的母亲和马里恩的女儿或者是同一个人，或者不是同一个人。

如果是同一个人，则部分情况可表示如下：

I

如果不是同一个人，则部分情况可表示如下：

II

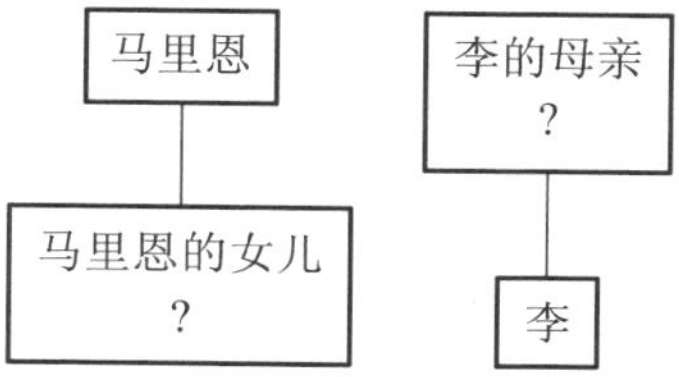

在情况 I 下，戴尔的哥哥不是李就是马里恩[①]，因此，特里是李的母亲、马里恩的女儿，而特里的父亲不是马里恩就是戴尔。但特里的父亲不能是戴尔，因为戴尔的哥哥不是李就是马里恩。这样，特里的父亲就是马里恩。现在假设戴尔的哥哥是李，于是根据(1)，戴尔是男性，这与(3)矛盾。所以戴尔的哥哥是马里恩。根据(3)，戴尔和李都是女性。因此，在情况 I 下，马里恩是唯一的男性。

① 如果戴尔的哥哥既不是李也不是马里恩，那么他必定是特里，从而戴尔就是马里恩的女儿、李的母亲。根据(1)，马里恩与李必定同性别，但这与(3)矛盾。——译者注。

在情况Ⅱ下，根据(1)，戴尔的哥哥与特里的父亲必定是同一个人，是唯一的男性。所以，马里恩必定是特里的父亲、戴尔的哥哥，而这意味着马里恩是情况Ⅱ下唯一的男性。

因此，无论怎么说，**马里恩是唯一的男性。**

★答案 30

(i)由于A、D和G代表的是0以外的三个不同的数字，所以J必定是6、7、8或9。

(ii)由于C、F、I代表三个不同的数字，所以它们的和不会超过24；而为了保证J是6、7、8或9，它们的和不能超过19。

(iii)如果任何两列的每列数字之和为6、7、8或9，则余下一列的和也必定是6、7、8或9；可是，从A到I的各个字母代表的是9个不同的数字，不可能出现这种情况。因此，最多只能有一列的和为6、7、8或9。

从以上三点可以得出如下的结论：

(a)如果$A+D+G=6$，则$C+F+I$必定是16、7或17。

(b)如果$A+D+G=7$，则$C+F+I$必定是17、8或18。

(c)如果$A+D+G=8$，则$C+F+I$必定是18、9或19。

(d)如果$A+D+G=9$，则$C+F+I$必定是19。

从(a)、(b)、(c)、(d)可以推导出$B+E+H$的和,一共有十种可能:

	$A+D+G$	$B+E+H$	$C+F+I$	J
Ⅰ	6	5	16	6
Ⅱ	6	17	7	7
Ⅲ	6	16	17	7
Ⅳ	7	6	17	7
Ⅴ	7	18	8	8
Ⅵ	7	17	18	8
Ⅶ	8	7	18	8
Ⅷ	8	19	9	9
Ⅸ	8	18	19	9
Ⅹ	9	8	19	9

在上面的十种情况中,只有Ⅷ和Ⅹ中四栏的总和为45,与0~9这十个数字之和相等。因此,J**必定代表9**。

进一步的验证表明,存在以下几种可能的组合:

	$A+D+G$	$B+E+H$	$C+F+I$
Ⅷ	1+3+4	5+6+8	0+2+7
	1+2+5	4+7+8	0+3+6
Ⅹ	2+3+4	0+1+7	5+6+8
	1+3+5	0+2+6	4+7+8
	1+2+6	0+3+5	4+7+8

★答案 31

根据(1),高个男人必定站成下列形式之一(t代表高个男人):

t t t t　或　t t t –　或　– t t t　或　– t t –

根据(2),白皙男人必定站成下列形式之一(f代表白皙男人):

f f – –　或　– – f f　或　f – f f　或　f f – f

根据(3),消瘦男人必定站成下列形式之一(s代表消瘦男人):

s – – s　或　s – s –　或　– s – s

或　– s – –　或　– – s –

根据(4),漂亮男人必定站成下列形式之一(g代表漂亮男人):

g – – –　或　– – – g

根据(5),并根据(1),上述特征中的一部分可以给这四个男人分派如下:

第一个男人	第二个男人	第三个男人	第四个男人
白皙	消瘦	高个	漂亮
	高个		

接着,根据(2),部分特征的分布必定是下列三种情况

之一：

	第一个男人	第二个男人	第三个男人	第四个男人
Ⅰ	白皙	消瘦 高个 白皙	高个	漂亮
Ⅱ	白皙	消瘦 高个 白皙	高个	漂亮 白皙
Ⅲ	白皙	消瘦 高个	高个 白皙	漂亮 白皙

然后，根据(3)和(6)，只有在Ⅰ和Ⅲ中，第四个男人可能还是消瘦的；而且在Ⅰ、Ⅱ和Ⅲ中，不会再有其他男人是消瘦的。再根据(1)和(6)，只有在Ⅰ中，第四个男人可能还是高个子，而且只有当第四个男人不是消瘦的时候这种情况才能发生；而且在Ⅰ、Ⅱ和Ⅲ中，不会再有其他男人是高个子。此外，根据(4)，不会再有其他男人是漂亮的。

因此，完整的特征分布必定是下列情况之一：

	第一个男人	第二个男人	第三个男人	第四个男人
Ⅰa	白皙	消瘦	高个	漂亮
		高个		
		白皙		
Ⅰb	白皙	消瘦	高个	漂亮
		高个		消瘦
		白皙		
ⅠC	白皙	消瘦	高个	漂亮
		高个		高个
		白皙		
Ⅱ	白皙	消瘦	高个	漂亮
		高个		白皙
		白皙		
Ⅲa	白皙	消瘦	高个	漂亮
		高个	白皙	白皙
Ⅲb	白皙	消瘦	高个	漂亮
		高个	白皙	白皙
				消瘦

根据(7),可排除Ⅰa、Ⅰb、Ⅰc和Ⅱ。Ⅲa和Ⅲb显示:

目击者指认第一个男人是罪犯。

★答案 32

加法式Ⅰ中的E、Ⅱ中的A和Ⅲ中的L都有相同的表现：

在Ⅰ中，

$$\begin{cases}E+L=A,\\E+A=10+L,\end{cases}$$

在Ⅱ中，

$$\begin{cases}A+E=L,\\A+L=10+E,\end{cases}$$

在Ⅲ中，

$$\begin{cases}L+A=E,\\L+E=10+A,\end{cases}$$

或者

$$\begin{cases}E+A=L,\\E+L=10+A,\end{cases}$$

或者

$$\begin{cases}A+L=E,\\A+E=10+L,\end{cases}$$

或者

$$\begin{cases}L+E=A,\\L+A=10+E,\end{cases}$$

只有数字5能有这种表现。例如：

5+3=8，　　5+4=9，

5+8=10+3，　　5+9=10+4。

因此得出：

Ⅰ

$$\begin{array}{r}G\ A\ L\ 5\\+\ N\ 5\ A\ L\\\hline 5\ L\ S\ A\end{array}$$

Ⅱ

$$\begin{array}{r}E\ L\ S\ 5\\+\ G\ 5\ L\ E\\\hline N\ E\ 5\ L\end{array}$$

Ⅲ

$$\begin{array}{r}N\ E\ A\ 5\\+\ E\ 5\ S\ A\\\hline G\ A\ 5\ E\end{array}$$

用数字替代Ⅰ中的L，Ⅱ中的E，Ⅲ中的A，以相应得出Ⅰ中的A值，Ⅱ中的L值，Ⅲ中的E值。经过反复试验，得到（已经删去那些从第二列向第三列进位1从而造成替代结果不能成立的情况）：

Ⅰ (a)
$$\begin{array}{r} G\,6\,1\,5 \\ +\,N\,5\,6\,1 \\ \hline 5\,1\,7\,6 \end{array}$$
(b)
$$\begin{array}{r} G\,7\,2\,5 \\ +\,N\,5\,7\,2 \\ \hline 5\,2\,9\,7 \end{array}$$
(c)
$$\begin{array}{r} G\,1\,6\,5 \\ +\,N\,5\,1\,6 \\ \hline 5\,6\,8\,1 \end{array}$$

Ⅱ (a)
$$\begin{array}{r} 6\,1\,S\,5 \\ +\,G\,5\,1\,6 \\ \hline N\,6\,5\,1 \end{array}$$
(b)
$$\begin{array}{r} 7\,2\,S\,5 \\ +\,G\,5\,2\,7 \\ \hline N\,7\,5\,2 \end{array}$$
(c)
$$\begin{array}{r} 8\,3\,S\,5 \\ +\,G\,5\,3\,8 \\ \hline N\,8\,5\,3 \end{array}$$
(d)
$$\begin{array}{r} 9\,4\,S\,5 \\ +\,G\,5\,4\,9 \\ \hline N\,9\,5\,4 \end{array}$$

Ⅲ (a)
$$\begin{array}{r} N\,6\,1\,5 \\ +\,6\,5\,S\,1 \\ \hline G\,1\,5\,6 \end{array}$$
(b)
$$\begin{array}{r} N\,7\,2\,5 \\ +\,7\,5\,S\,2 \\ \hline G\,2\,5\,7 \end{array}$$
(c)
$$\begin{array}{r} N\,8\,5\,3 \\ +\,8\,5\,S\,3 \\ \hline G\,3\,5\,8 \end{array}$$
(d)
$$\begin{array}{r} N\,9\,4\,5 \\ +\,9\,5\,S\,4 \\ \hline G\,4\,5\,9 \end{array}$$

从上述部分的加法算式中可以看出，Ⅰ的和最小。

这些加法算式可以进一步补全。在每个算式中，留下来的字母，其数值不能同于已在该式中出现的数值，而且左端的第一个字母不能代表0。这样，可能的加法算式，Ⅰ有四种，Ⅱ有一种，Ⅲ有两种，如下所示：

Ⅰ (b)
$$\begin{array}{r} 1\,7\,2\,5 \\ +\,3\,5\,7\,2 \\ \hline 5\,2\,9\,7 \end{array}$$
(b)
$$\begin{array}{r} 3\,7\,2\,5 \\ +\,1\,5\,7\,2 \\ \hline 5\,2\,9\,7 \end{array}$$
(c)
$$\begin{array}{r} 2\,1\,6\,5 \\ +\,3\,5\,1\,6 \\ \hline 5\,6\,8\,1 \end{array}$$
(c)
$$\begin{array}{r} 3\,1\,6\,5 \\ +\,2\,5\,1\,6 \\ \hline 5\,6\,8\,1 \end{array}$$

Ⅱ (a)
$$\begin{array}{r} 6\,1\,3\,5 \\ +\,2\,5\,1\,6 \\ \hline 8\,6\,5\,1 \end{array}$$

Ⅲ (a)

$$\begin{array}{r} 2615 \\ +\,6541 \\ \hline 9156 \end{array}$$

(b)

$$\begin{array}{r} 1725 \\ +\,7532 \\ \hline 9257 \end{array}$$

★答案 33

根据陈述中的假设,(1)和(2)中只有一个能适用于实际情况。同样,(3)和(4),(5)和(6),也是两个陈述中只有一个能适用于实际情况。根据陈述中的结论,(2)和(5)不可能都适用于实际情况。因此,能适用于实际情况的陈述组合是下列组合中的一组或几组:

(A) (1)、(4)和(5);

(B) (1)、(3)和(5);

(C) (1)、(4)和(6);

(D) (1)、(3)和(6);

(E) (2)、(4)和(6);

(F) (2)、(3)和(6)。

如果(A)能适用于实际情况,则根据(1)的结论,凶手是男性;根据(4)的结论,受害者是女性;可是根据(5)的假设,凶手与受害者性别相同。因此(A)不适用。

如果(B)能适用于实际情况,则根据有关的假设,凶手与受害者有亲缘关系,而且职业相同、性别相同。这与各个家庭的组成情况有矛盾,因此(B)不适用。

如果(C)能适用于实际情况,则根据有关的结论,凶手是男性,受害者是个女性医生。接着根据(1)和(4)的假设,凶手是律师,凶手与受害者有亲缘关系。这与各个家庭的组成情况有矛盾,因此(C)不适用。

如果(D)能适用于实际情况,则根据(1)的结论,凶手是男性;根据(3)的结论,受害者也是男性;可是根据(6)的假设,凶手与受害者性别不同。因此(D)不适用。

如果(E)能适用于实际情况,则根据(2)的结论,凶手是医生;根据(6)的结论,受害者也是医生;可是,根据(4)的假设,凶手与受害者职业不同。因此(E)不适用。

因此只有(F)能适用于实际情况。根据有关的结论,凶手是医生,受害者是男性医生。于是,根据(6)的假设,凶手是女性。接着,根据各个家庭的组成情况,**凶手必定是贝蒂**。(2)的假设则表明,受害者是杜安;而且,(3)的假设和(2)、(6)的结论相符合。

★答案 34

在每只骰子的多面图上,填入题图中显示的点数:

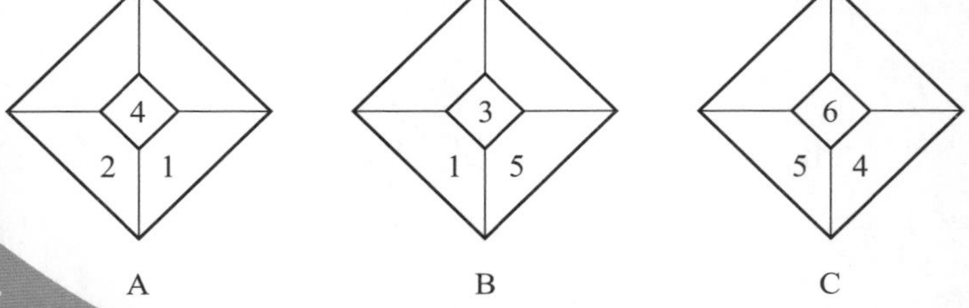

然后,依据相对两面点数之和为7的事实,得出:

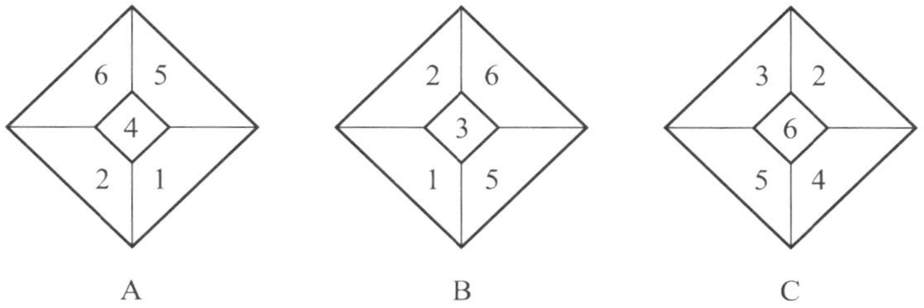

在每个图形中都有2、5和6,通过翻动骰子可以显示出三只骰子的相应各面,如下图:

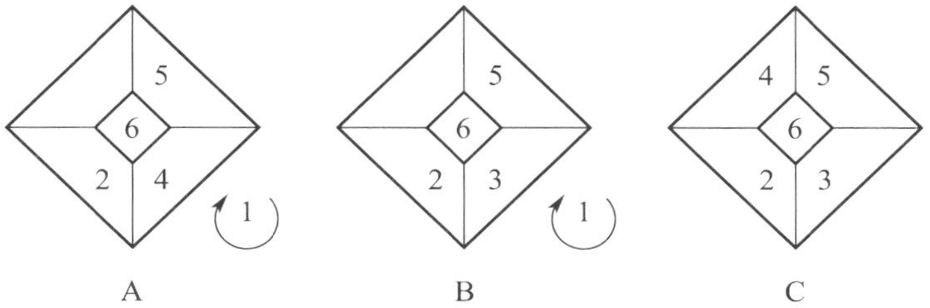

现在看得很清楚,骰子A的面的方位不同于骰子B和C。**所以骰子A与其他两只不同。**

★答案 35

根据(1)和(3),要实现渡河任务,必须采取下述两种方案之一(W代表女人,M代表男人,a代表阿特,b代表本,c代表考尔):

Ⅰ	Ⅱ
(i) $M_cWW \quad M_aM_b\rightarrow$	(i) $M_?WW \quad M_aM_?\rightarrow$
(ii) $M_cWW\leftarrow M_a \quad M_b$	(ii) $M_?WW\leftarrow M_a \quad M_?$
(iii) $M_aM_c \quad WW\rightarrow M_b$	(iii) $WW \quad M_aM_?\rightarrow M_?$
(iv) $M_aM_c\leftarrow M_b \quad WW$	(iv) $WW \leftarrow M_b \quad M_aM_c$
(v) $M_? \quad M_?M_c\rightarrow WW$	(v) $M_b \quad WW\rightarrow M_aM_c$
(vi) $M_? \quad \leftarrow M_c \; M_?WW$	(vi) $M_b \quad \leftarrow M_cM_aWW$
(vii) $M_?M_c\rightarrow M_?WW$	(vii) $M_bM_c\rightarrow M_aWW$

根据(2),在方案Ⅰ的第(v)步中,划船者不能是本也不能是考尔;所以是阿特划的船。于是,根据(2),若采用方案Ⅰ,则是本最后划船渡河。若采用方案Ⅱ,则根据(2),也是本划了最后一次船。因此,无论哪一种方案,**都是本最后一个划船渡河。**

在方案Ⅰ和Ⅱ的其余情节是:根据(2),在方案Ⅱ的第(iii)步中,划船者不能是阿特也不能是本,所以是考尔划的船。于是,根据(2),在方案Ⅱ中是本划了第一次船。另外,根据(2),在方案Ⅰ中也是本划了第一次船。

★答案 36

无论骰子怎样摆,一点、四点和五点的排列方向总是不变的。但是,两点、三点和六点却可以有如下不同的排列方向:

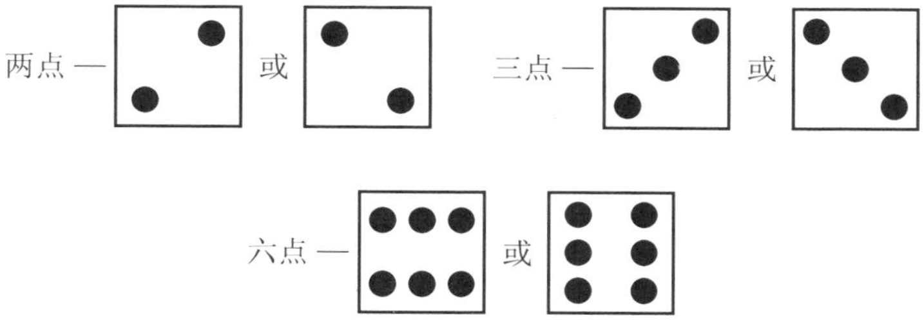

以下的推理，是以相对两面点数之和为7的事实为依据的。

如果骰子B和骰子A相同，则骰子B上的两点的排列方向必定与图中所示的呈对称相反。所以骰子A和骰子B不是相同的。

如果骰子C和骰子A相同，则骰子C上的三点的排列方向必定与图中所示的呈对称相反。所以骰子A和骰子C是不相同的。

如果骰子C和骰子B相同，则骰子C上的六点应该是像图中所示的排列方向。

由于题目中指明有两只骰子相同，因此相同的必定是骰子B和骰子C。**与它们不同的便是骰子A了。**

★答案 37

根据(3)和(4)，围绕桌子的座位安排只可能是下面两种情况中的一种(M代表男士，W代表女士)：

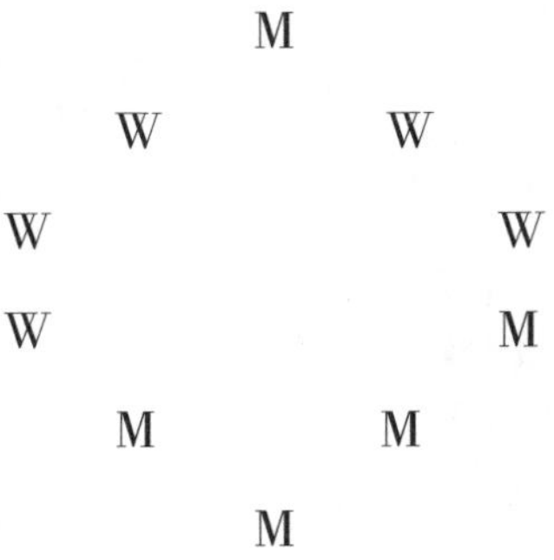

或

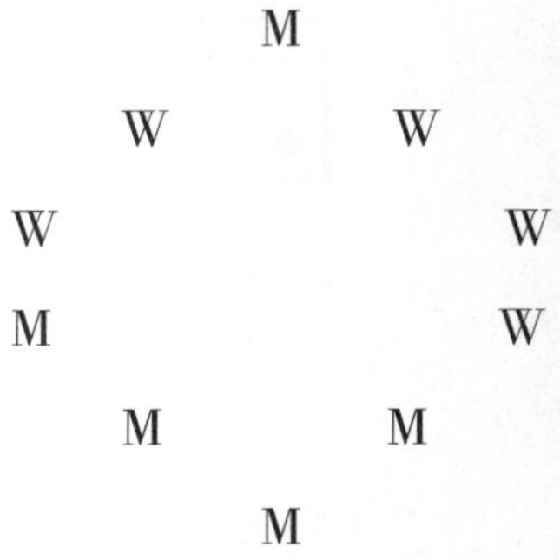

根据(2),有一位女士坐在座位a。再根据(1)和(2),一部分座位的安排为下面两图之一:

I

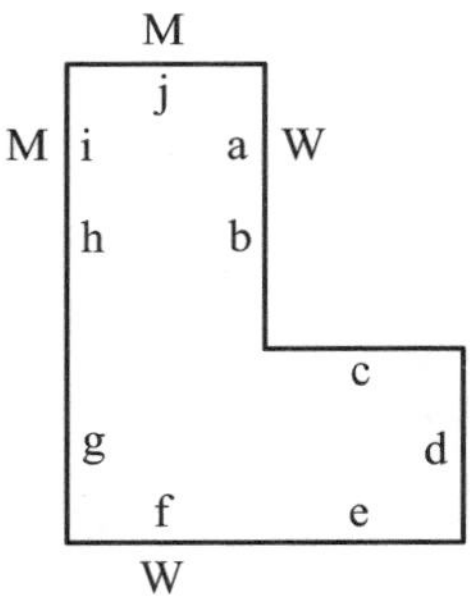

或

II

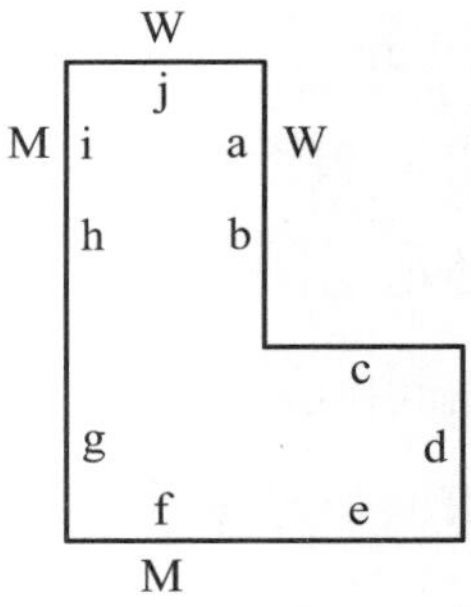

从根据(3)和(4)推断出的座位安排可以判定,在Ⅰ中g和h必定是男士的座位。同样,在Ⅱ中h不能是女士的座位。因为这样一来,根据(1),一位男士必定坐在座位b;又根据(3),一位女士必定坐在座位g;这种情况与从(3)和(4)所得出的座位安排相矛盾。因此,在Ⅱ中h和g必定是男士的座位。于是,从以上推理并且根据(1),一部分座位的安排变为下页图的两者之一:

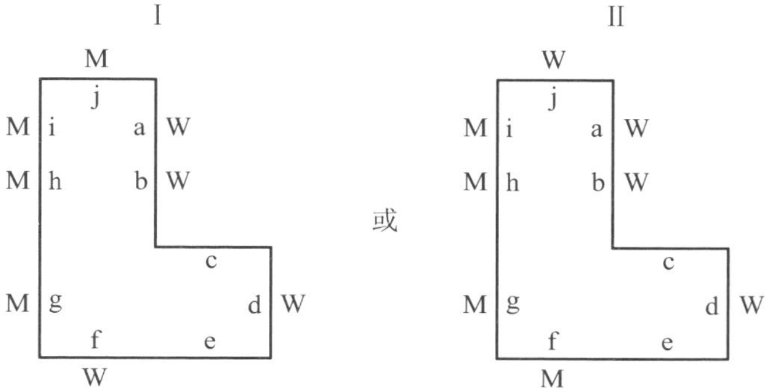

于是，根据只有一位女士坐在两位女士之间（见第一组图形）以及(1)中的要求，完全的座位安排为下图两者之一：

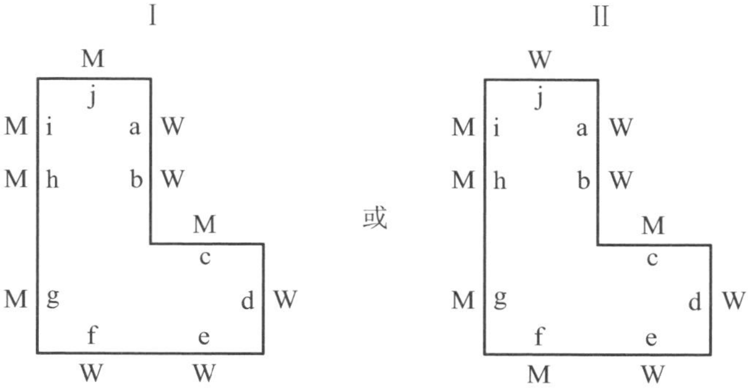

因此，无论是哪一种情况，按(4)的要求，**兰瑟先生的座位总是c。**

★答案 38

供词(2)和(4)之中至少有一条是实话。

如果(2)和(4)都是实话,那就是柯蒂斯杀了德怀特;这样,根据Ⅰ,(5)和(6)都是假话。但如果是柯蒂斯杀了德怀特,(5)和(6)就不可能都是假话。因此,柯蒂斯并没有杀害德怀特。

于是,(2)和(4)中只有一条是实话。

根据Ⅱ,(1)、(3)和(5)中不可能只有一条是实话。而根据Ⅰ,现在(1)、(3)和(5)中至多只能有一条是实话。因此(1)、(3)和(5)都是假话,只有(6)是另外的一条真实供词了。

由于(6)是实话,所以确有一个律师杀了德怀特。还由于:

根据前面的推理,柯蒂斯没有杀害德怀特;

(3)是假话,即巴尼不是律师;

(1)是假话,即艾伯特是律师。

从而,

(4)是实话,

(2)是假话,而结论是:

艾伯特杀了德怀特。

★答案 39

每个人都恰好有三个特点。因此,根据(1)和(2),亚当具有下列四组特点中的一组：

诙谐，漂亮，强壮

诙谐，漂亮，仁爱

漂亮，强壮，仁爱

强壮，聪明，仁爱

根据(1)和(3),布拉德具有下列四组特点的一组：

诙谐，聪明，漂亮

聪明，漂亮，强壮

聪明，漂亮，仁爱

漂亮，强壮，仁爱

根据(1)和(4),科尔具有下列四组特点的一组：

漂亮，强壮，聪明

漂亮，强壮，仁爱

强壮，聪明，仁爱

聪明，诙谐，仁爱

根据上面的特点组合并且根据(1),如果亚当具有仁爱的特点,那么布拉德和科尔都是聪明而又漂亮的,亚当就不能是聪明或漂亮的了。这种情况不可能,因此亚当不具有仁爱的特点。

根据上面的特点组合并且根据(1),如果布拉德具有仁爱的特点,那么亚当和科尔都是漂亮的,布拉德就不能具有漂亮的特点了。这种情况不可能,因此布拉德不具有仁爱的特点。

于是,科尔必定是具有仁爱特点的人了。

我们还可以看出其中一人的全部三个特点,以及另外两个人各有的两个特点。由于科尔是仁爱的,所以亚当是诙谐、漂亮和强壮的;布拉德是既漂亮又聪明;从而科尔不能是漂亮的,所以科尔是既聪明又仁爱的人。

★答案 40

假设第六号纸牌是一张A。(a)于是,根据(5),第七号和第八号纸牌都不能是A;根据(4),它们不能是Q;根据(2),它们也不能是K。(b)另外,根据(3),在第七号和第八号纸牌中最多只能有一张是J。因此,根据(6),第六号纸牌不可能是A。

假设第六号纸牌是一张Q。(a)于是,根据(5),第四、五、七、八号纸牌都不能是Q;而且根据(4),它们也不能是A。(b)另外,根据(6),第一、二、三号纸牌将是两张A和一张Q;可是根据(4)和(5),这是不可能的。因此,根据(6),第六号纸牌不可能是Q。

假设第六号纸牌是一张J。(a)于是,根据(1),第七号和第八号纸牌都不能是A;根据(5),它们不能是J；根据(2)，它们也不能是K。(b)另外，根据(2)，在第七号和第八号纸牌中最多只能有一张是Q。因此，根据(6)，第六号纸牌不可能是J。

于是，第六号纸牌只能是K。

可以确定的纸牌是第一号至第六号。由于第六号纸牌是K，根据(2)和(3)，第五号或第四号纸牌是Q。如果第五号纸牌是Q，那么根据(3)，第三号纸牌是J。再根据(2)，第二号纸牌不能是Q，而第一号和第四号纸牌则分别是K和Q。再根据(6)，第二号纸牌必定是J，而这与(5)发生矛盾。因此，第五号纸牌不是Q，而第四号纸牌是Q。于是，根据(5)，第一号和第三号纸牌都不是Q；根据(3)，第七号和第八号纸牌也都不是Q；而根据前面的推断，第五号纸牌也不是Q。因此，第二号纸牌是Q。接着，根据(3)，第三号纸牌是J；根据(2)，第一号纸牌是K。随后根据(5)和(6)，第五号纸牌是A。余下第七号和第八号纸牌，则分别是J和A或A和J。

★答案 41

八个人用只能乘坐三人的小船过湖，需要向湖对岸摆渡四次。根据(5)，总有一次向湖对岸摆渡时船上只有两个人。

根据(2)、(3)和(5)，总有一个男人留在原地，直到最后一次摆渡(在整个过程中不一定是同一个男人)。

根据以上的推断并根据(1)、(4)和(5)，头四次摆渡采用的是下列两种方式中的一种(W代表女人，M代表男人，a代表亚伯拉罕，b代表巴雷特，c代表克林顿，d代表道格拉斯)：

Ⅰ (i) $M_cWWWW \quad M_aM_bM_d \rightarrow$

(ii) $M_cWWWW \leftarrow M_b \quad M_aM_d$

(iii) $M_bWW \quad M_cWW \rightarrow M_aM_d$

(iv) $M_bWW \leftarrow M_d \quad M_aM_cWW$

Ⅱ (i) $M_cM_dWWWW \quad M_aM_b \rightarrow$

(ii) $M_cM_dWWWW \leftarrow M_b \quad M_a$

(iii) $M_bWWW \quad M_cM_dW \rightarrow M_a$

(iv) $M_bWWW \leftarrow M_d \quad M_aM_cW$

然后，根据(2)、(3)和(5)，第(v)步是巴雷特带着两个女人划船过湖；由于这种情况只能在方式Ⅰ中出现，所以可排除方式Ⅱ。接着，根据(2)、(3)和(5)，第(vi)步是亚伯拉罕或克林顿划船返回而且船上只有一个人；最后，第(vii)步，是道格拉斯带着亚伯拉罕或克林顿划向湖对岸。

★答案 42

根据(1),谋杀犯的坐法当如以下二者之一(m代表谋杀犯):

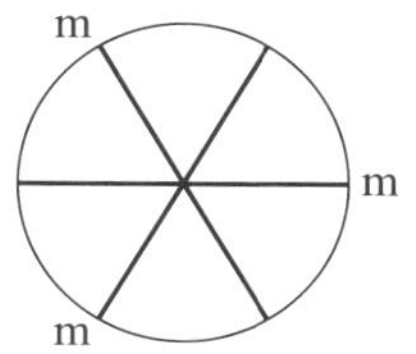

根据(2),勒索犯的坐法当如以下二者之一(e代表勒索犯):

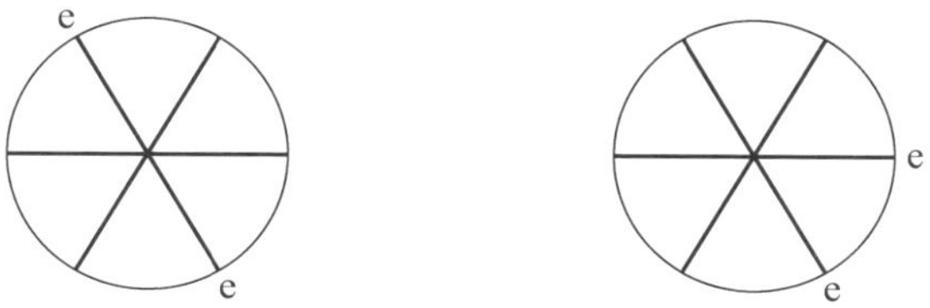

根据(3),诈骗犯的坐法当如以下三者之一(s代表诈骗犯):

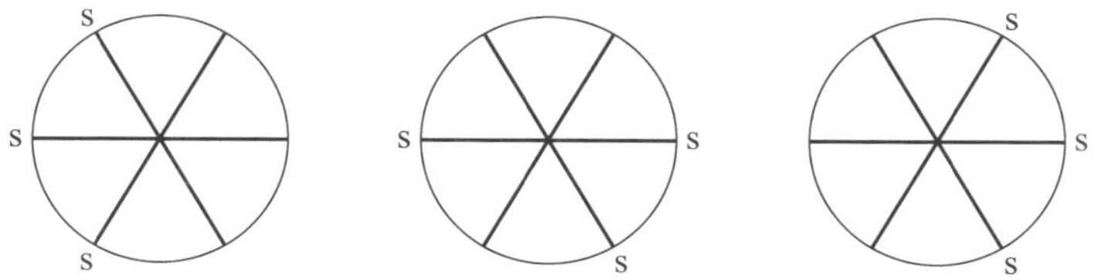

根据(4),盗窃犯的坐法当如以下四者之一(t代表盗窃犯):

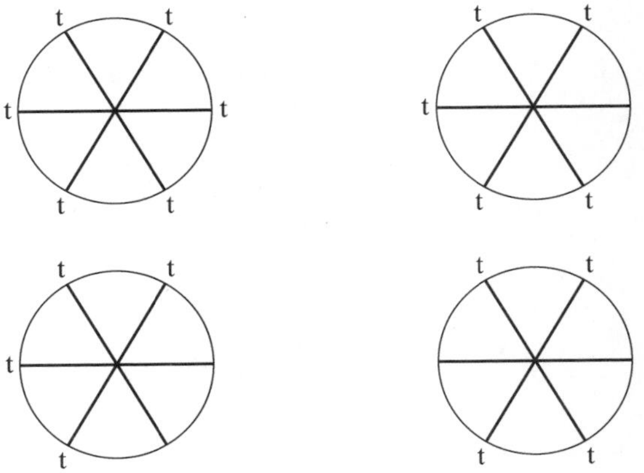

根据(5),如果有一个人犯了所有这四种罪,则其他五人每人犯的罪不会超过一种。但是,根据以上的坐法,至少有两个谋杀犯、两个勒索犯、三个诈骗犯、四个盗窃犯围桌而坐。因此,不可能有人犯了所有这四种罪。同样,也不可能有一个人犯了两种罪,而同时其他五人每人只犯一种罪。

因此,根据(6),犯罪最多的那个人是犯了三种罪。于是,根据以上的坐法,有一个人犯了三种罪,有三个人每人各犯了两种罪,有两个人每人各犯了一种罪。

因此,恰有两个谋杀犯、两个勒索犯、三个诈骗犯和四个盗窃犯。

根据(8)和(9),某些犯罪类型可以与具体人物结合如下:

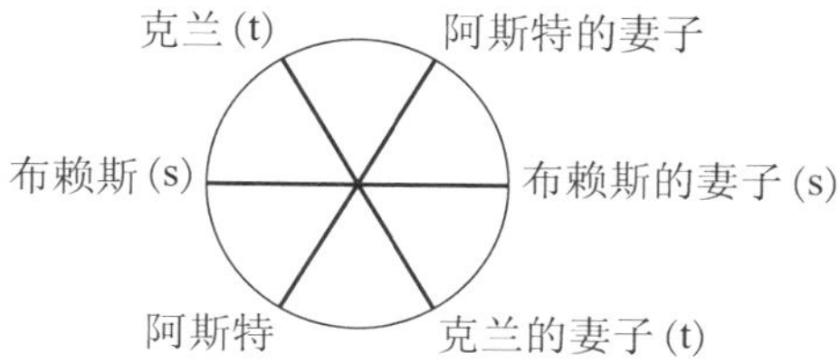

根据从(3)导出的可能坐法，并根据(10)，情况变成以下二者之一：

I

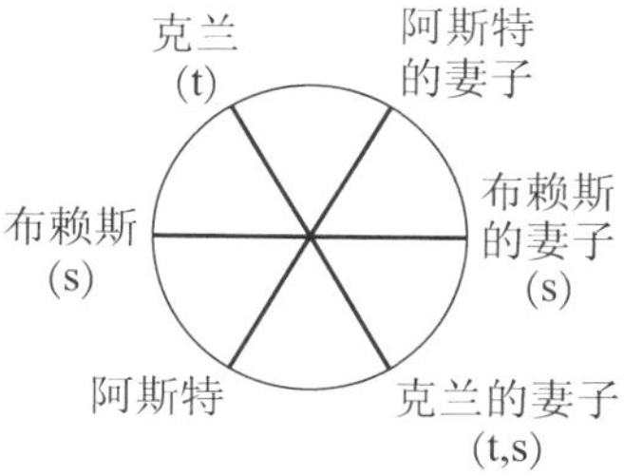

II

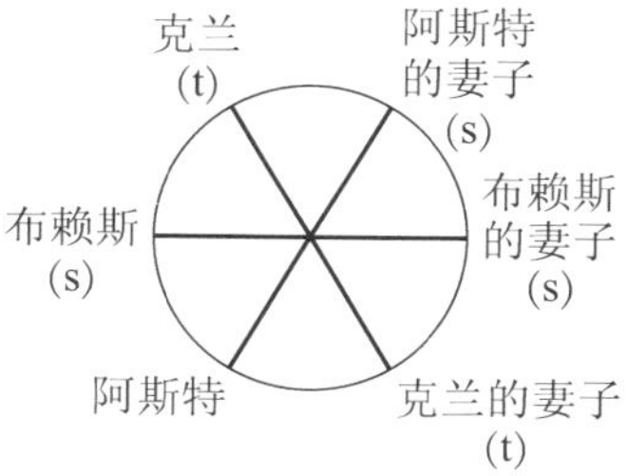

根据从(4)导出的可能坐法，并根据(5)和(7)，可排除情况Ⅰ，而情况Ⅱ变成：

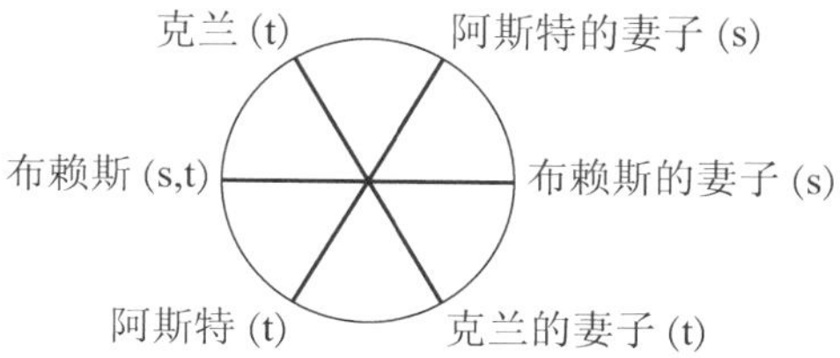

根据从(2)导出的可能坐法，并根据(5)和(7)，情况Ⅱ变成：

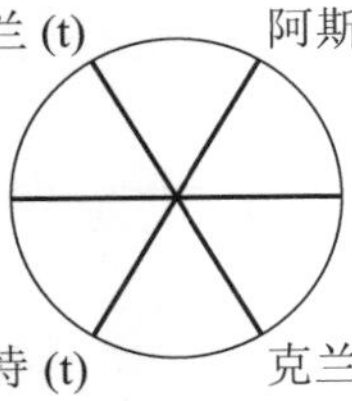

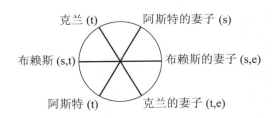

根据从(1)导出的可能坐法,并根据(5)和(7),情况Ⅱ变成:

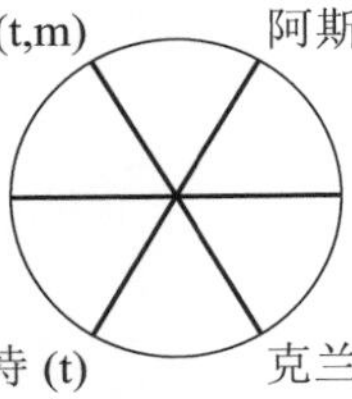

因此,**布赖斯的妻子所犯罪的数目超过了其他各人。**

★答案 43

运用(2)和(3),经过反复试验,可以发现,只有四对硬币组能满足这样的要求:一对中的两组硬币各为四枚,总价值相等,但彼此间没有一枚硬币面值相同。各对中每组硬币的总价值分别为:40美分、80美分、125美分和130美分。具体情况如下(S代表1美元,H代表50美分,Q代表25美分,D代表10美分,N代表5美分的硬币):

D D D D	D D D H	Q Q Q H	D D D S
Q N N N	Q N Q Q	N D D S	Q N H H

运用(1)和(4),可以看出,只有30美分和100美分能够分别从两对硬币组中付出而不用找零。但是,在标价单中没有100。因此,**圈出的款额必定是30。**

★答案 44

根据(2),在座位a、d和e中,只有一个是男士的座位。于是根据(2)和(5),一部分的座位安排有三种方案(M代表男士,W代表女士):

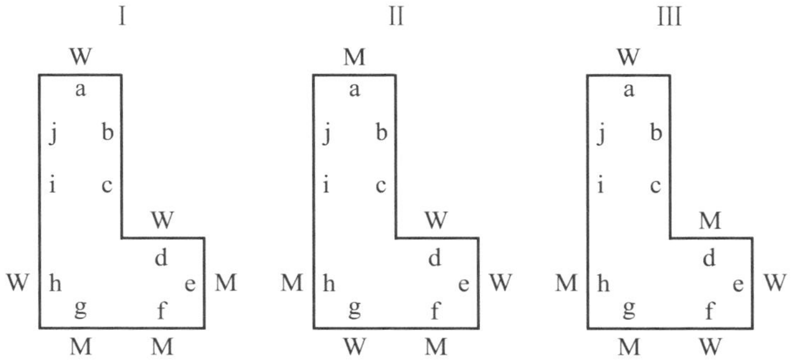

在方案Ⅰ中,根据(3),卡丽的丈夫坐在座位b、c、i或j上。但是根据(5),卡丽的丈夫不可能是唯一坐在两位女士之间的男士。

因此,方案Ⅰ可以排除。

在方案Ⅱ中,一位男士已经坐在两位女士之间的座位f上。因此,根据(3),他必定是卡丽的丈夫。接着,为了保证卡丽的丈夫是唯一坐在两个女士之间的男士，座位i上必须是位男士。可是这样一来，根据(5)，一位女士一定要坐在座位c上，而这与(4)发生矛盾。

因此，方案Ⅱ也可以排除。

这样，Ⅲ便是正确的方案。

在Ⅲ中，根据(2)和(3)，座位c上坐的必定是一位男士；从而根据(5)，座位i上坐的是一位女士。根据(4)，坐在座位j上的不能是女士；因此，是一位男士坐在座位j上，而根据(3)，这个人是卡丽的丈夫。最后，根据(5)，坐在座位b上的是一位女士。

这样，座位安排的情况变成：

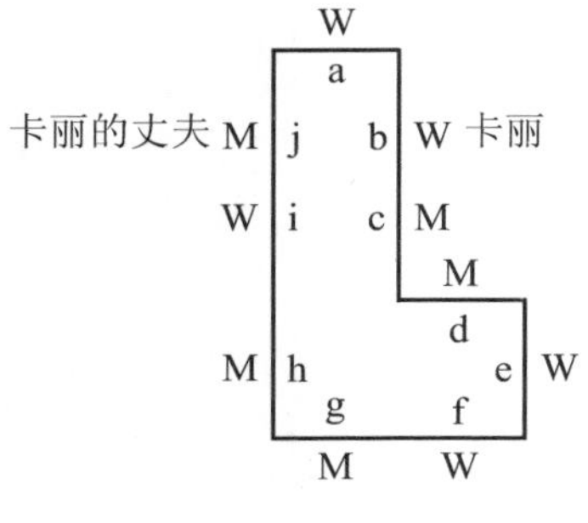

然后，根据(2)，比拉的丈夫坐在座位d。接着，根据(1)和(5)，阿米莉亚的丈夫坐在座位h，丹尼斯的妻子坐在座位i。再根据(5)，埃尔伍德的妻子坐在座位a。于是，根据(6)，**卡丽是教授。**

概括起来，完整的座位安排如下：

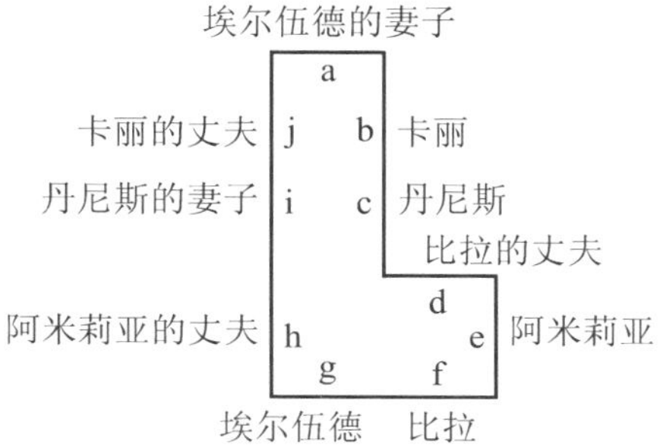

★答案 45

运用(2)和(3)，从反复试验得知，人们围桌而坐的座位安排必定是下图所示的两种之一(M代表男士，W代表女士)：

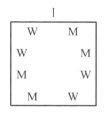

根据(1)和(5)，安排Ⅱ符合实际情况。

接着，根据(4)和(6)，巴里和女主人的座位必定是以下两种情况之一：

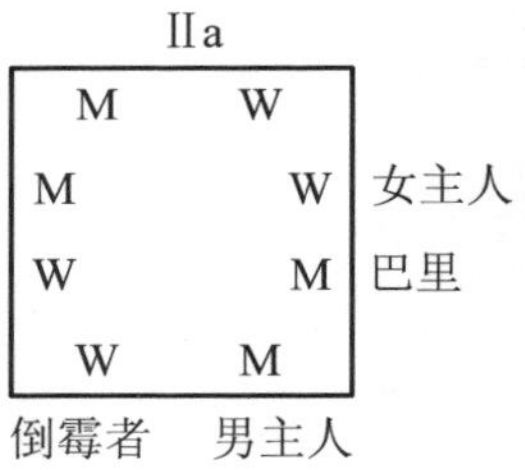

然后，根据(4)和(7)，萨曼莎和倒霉者配偶的座位必定是以下两种情况之一(曲线指出了夫妻关系)：

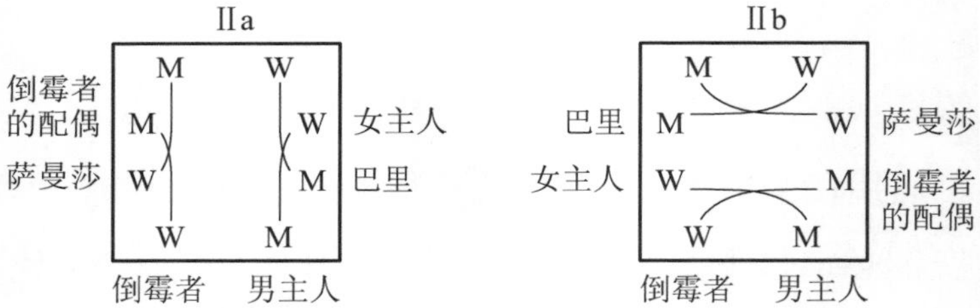

无论哪种情况，**纳塔利总是倒霉者**。这两种座位安排的全貌如下图所示：

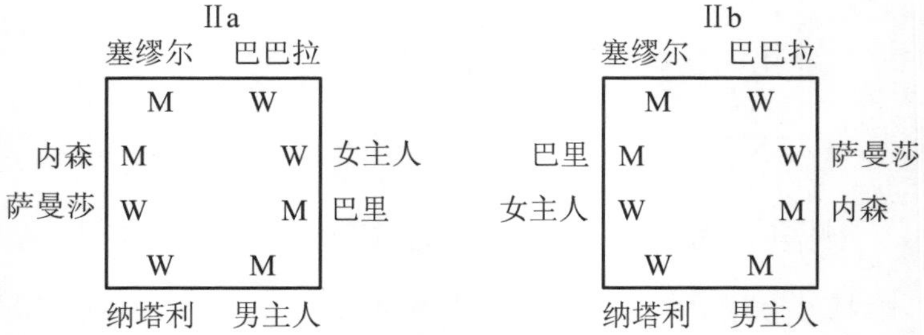

★答案 46

总共玩了四圈牌；因此，根据(4)和(5)，必定在某一圈先手出的牌是王牌，而且这圈是先手胜。于是，根据(2)和(3)，先手和胜方的序列是以下二者之一：

Ⅰ		Ⅱ	
X先手，胜		X先手	Y胜
X先手	Y胜		Y先手，胜
	Y先手，胜	X胜	Y先手
X胜	Y先手	X先手，胜	

不是先出牌而能取胜，表明他或她打的是一张王牌。因此，无论是Ⅰ或Ⅱ，都要求一方有两张王牌，而另一方有一张王牌。从而根据(1)，黑桃是王牌。

假定Ⅰ是符合实际情况的序列，则根据(1)和(5)以及第一圈时Y手中必定有一张黑桃的事实，X在第一圈时不是先出了王牌黑桃而取胜的；根据(1)和(5)以及X在第四圈时必定要出黑桃的事实，Y在第三圈时也不是先出了黑桃而取胜的。这同我们开始时分析所得的结论矛盾。

所以Ⅱ是符合实际情况的序列。这样，根据(1)和(5)以及第二圈时X手中必定有一张黑桃的事实，Y在第二圈时不是先出了黑桃而取胜的。因此在第四圈时，X先出了黑桃并以之取胜。

根据上述推理，在第一、三、四圈都出了黑桃。因此，**在第二圈中没有出黑桃。**

其他的情况是：X在第一圈时先出的是Y手中所没有的花色。既然X手中应该有两张黑桃，那么根据(1)，X是男方，他在第一圈先出的是梅花。再根据(1)，男方接着在第二圈时出了红心。因此，根据(1)和(5)，女方在第二圈时先出了方块并以之取胜；根据(4)，她在第三圈时先出了红心；而根据(1)，她在第四圈时出的是方块。

★答案 47

根据(1)，

$(A+B+C+D)+(D+E+F+G)+(G+H+I+A)$

$=14+14+14$，即

$2A+2D+2G+B+C+E+F+H+I=42$

0～9这十个数字之和为45，因此，如果以J代表没有放上的数字，则

$A+B+C+D+E+F+G+H+I=45-J$。

从第一个方程中减去第二个方程，得到：

$A+D+G=J-3$。

由于$A+D+G$至少等于3，而J最多等于9，只可能有以下

的情况：

	$A+D+G$	J
(i)	3	6
(ii)	4	7
(ii)	5	8
(iii)	6	9

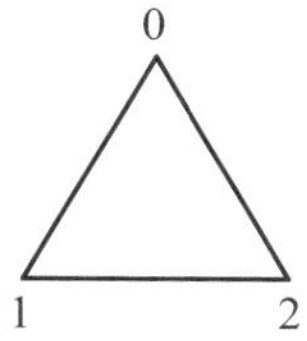

(i)

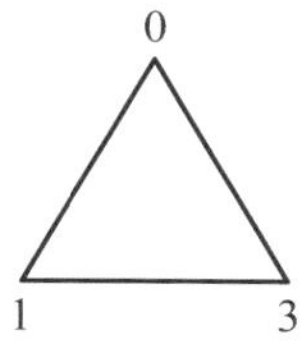

(ii)

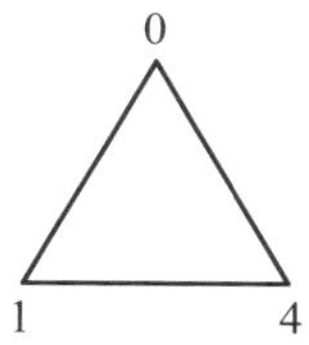

(iiia)

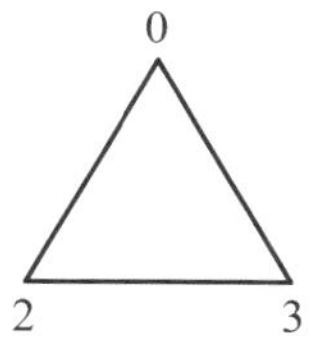

(iiib)

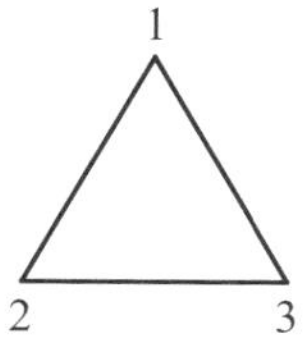

(iva)

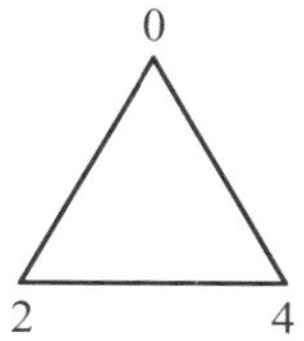

(ivb)

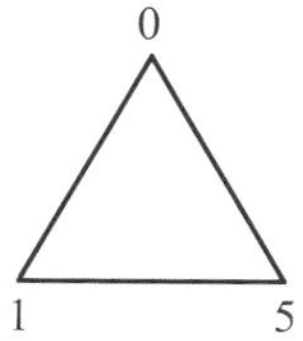

(ivc)

从而得到：

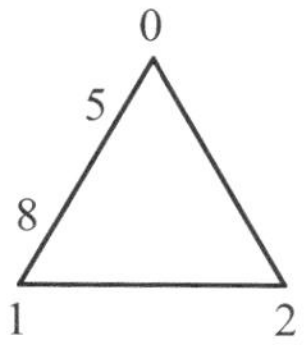

(ia)

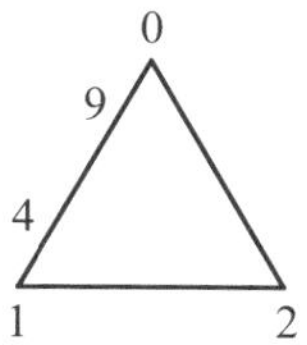

(ib)

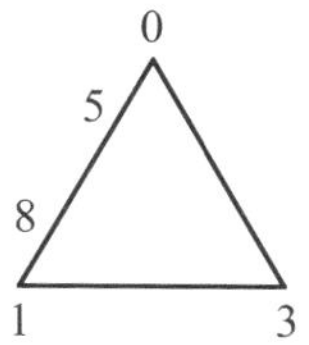

(iia)

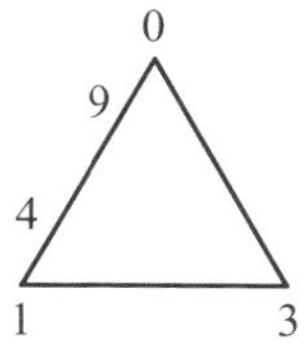

(iib)

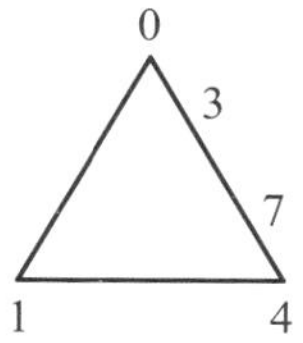

(iiia)

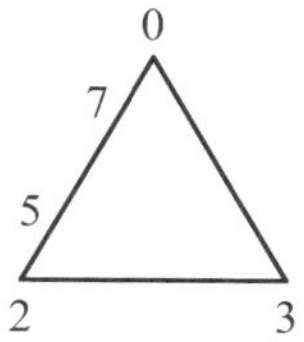

(iiib)

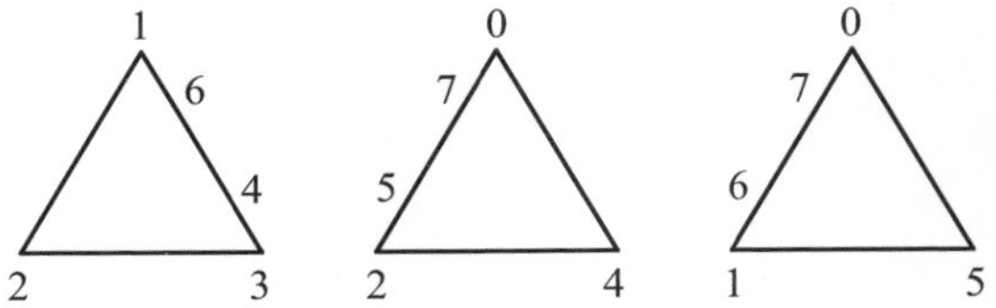

(iva) (ivb) (ivc)

由此可见,只有(i)和(ii)能继续补上数字而不致发生重复,即:

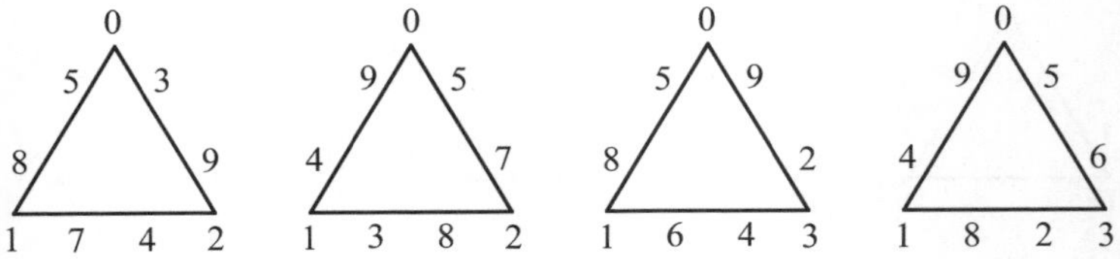

(ia) (ib) (iia) (iib)

因此,根据(2),**6 和 7 分别是两个三角形中没被放上的数字。**

★答案 48

运用(3)和(4),经过反复试验,可得出人们围桌而坐的各种可能的座位安排(M 代表男士,W 代表女士):

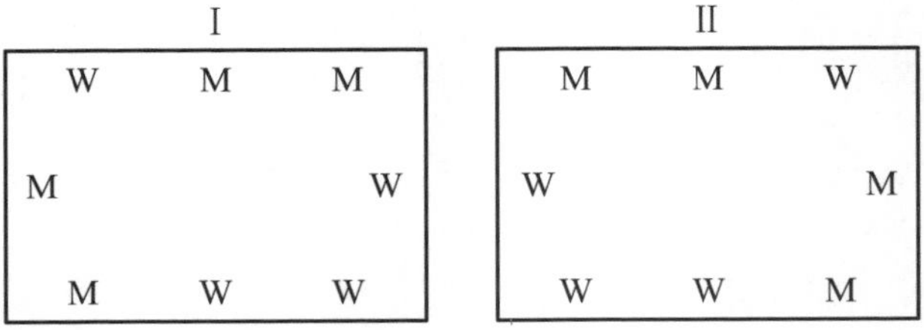

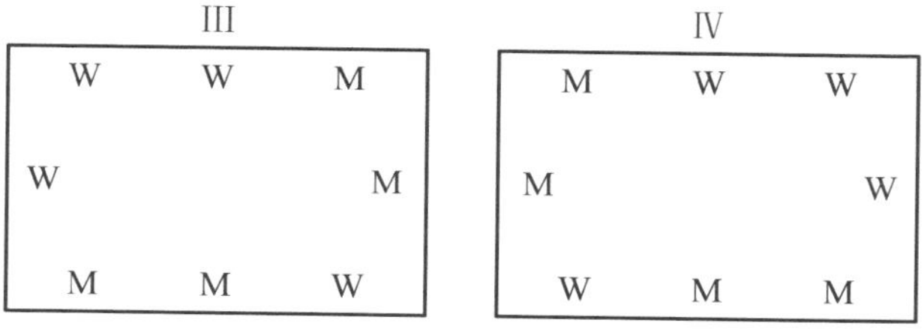

接着，根据(2)和(6)，II 和IV可排除，从而得到一部分座位的安排情况如下：

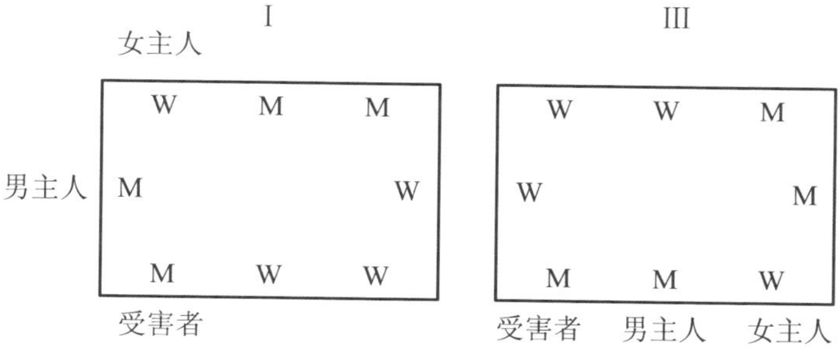

接着，根据(1)和(5)，I 可排除，这样部分座位的安排情况必定如下(每条曲线连接着一对夫妇)：

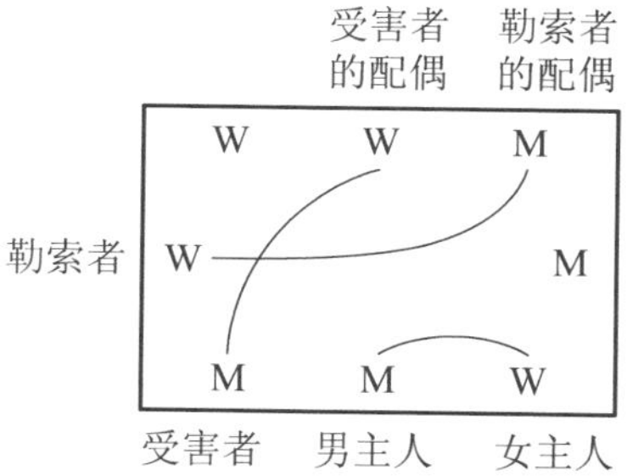

最后，根据(7)，布莱尔必定是勒索者的配偶；**因此布兰奇是勒索者。**全部的座位安排如下图：

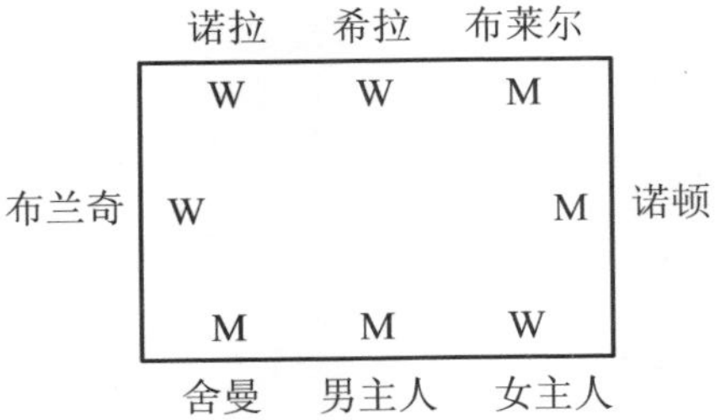

★答案 49

根据(1)，以下三种情况必有其一（A和B各代表一个对子中的一张牌，S代表单张）：

	多丽丝手中	劳拉手中	雷内手中
Ⅰ	A	A B	B S
Ⅱ	A	B S	A B
Ⅲ	S	A B	A B

然后，根据(2)、(3)和(4)，抽牌只能按下列某一过程进行：

Ⅰ		
A	A B	B S
A B	A	S
A B	A S	S B
B	A S	A B

Ⅱa		
A	B S	A B
A B	S	A B
A B	A S	B

Ⅱb		
A	B S	A B
A S	B	A B
A S	A B	B

Ⅱc		
A	B B	A B
A S	B	A B
A S	~~B~~ ~~B~~	~~A~~
S	—	~~A~~ ~~A~~

Ⅲ		
S	A B	A B
S A	B	A B
S A	~~B~~ ~~B~~	A
A	—	S A
~~A~~ ~~A~~	—	S

但是,过程Ⅰ、Ⅱa和Ⅱb不能满足(4),因此加以排除。

根据(5),过程Ⅱc必定在某一盘中出现,而过程Ⅲ必定在另一盘中出现。于是,多丽丝和雷内手中都剩下过单张。因此,**只有劳拉手中没有剩下过单张,她没有输过。**

★答案 50

分别假定陈述(1)、陈述(2)和陈述(3)为谎言,则达纳的死亡原因如下表:

	陈述(1)	陈述(2)	陈述(3)
如果为谎言	谋杀,但不是比尔干的	被比尔谋杀	意外事故

这个表显示,没有两个陈述能同时为谎言。因此,要么没有人说谎,要么只有一人说了谎。

根据(4),不能只是一个人说谎。因此,没有人说谎。

由于没有人说谎,所以既不是谋杀也不是意外事故。**因此,达纳死于自杀。**

注:虽然(4)是真话,但(1)和(2)也都是真话,达纳居然是死于自杀,这似乎有点奇怪。存在这种情况的理由是:当一个陈述中的假设不成立的时候,不论其结论是正确还是错误,这个陈述作为一个整体还是正确的。

★答案 51

这三人在三项比赛中的得分可以记入如下的3×3方阵:

	撑竿跳比赛	跳远比赛	跳高比赛
安东尼			
伯纳德			
查尔斯			

根据(3a)和(3b),这个方阵中每一行的和与每一列的

和必须都等于同一个数。根据(2)和(5)，设安东尼和查尔斯在跳远比赛中的得分为b。根据(2)和(6)，设安东尼和伯纳德在跳高比赛中的得分为h。根据(1)和(2)，b可以是0、1、2或3，h也可以是0、1、2或3。因此，把b和h组合起来共有十六对可能的数值。

如果$b=h$(即两者同时是0、1、2或3)，则为了满足(3a)和(3b)，方阵变成：

a	b	b
b	a	b
b	b	a

这种情况与(4)矛盾，因而是不可能的。

如果$b=0$而h不等于0($b=0, h=1$；$b=0, h=2$；$b=0, h=3$)，则为了满足(3b)，第二列的和必须等于第三列的和。

—	0	h
—	$2h+a$	h
—	0	a

为了满足(3b)，第二行的和必须等于每一列的和。但是第二行的和已经大于所示的任何一列的和，因此这种情况是不可能的。

如果$h=0$而b不等于0($b=1, h=0$；$b=2, h=0$；$b=3$,

h=0)，则为了满足(3b)，第三列的和必须等于第二列的和。

—	b	0
—	a	0
—	b	$2b+a$

为了满足(3b)，第三行的和必须等于每一列的和。但是第三行的和已经大于所示的任何一列的和，因此这种情况是不可能的。

如果b=1，h=3，则为了满足(3b)，第二列的和必须等于第三列的和。

—	1	3
—	$a+4$	3
—	1	a

这种情况与(1)矛盾，因为a不能小于0，从而a+4至少等于4。(再者，第二行的和已经大于所示的任何一列的和，这与(3b)矛盾。)因此这种情况是不可能的。

如果b=3，h=1，则为了满足(3b)，第三列的和必须等于第二列的和。

—	1	3
—	a	1
—	3	$a+4$

这种情况与前一种类似,所以是不可能的。

如果b=2,h=3,则为了满足(3b),第二列的和必须等于第三列的和。

—	2	3
—	a+2	3
—	2	a

为了满足(3b),第三行的和必须等于每一列的和。于是,查尔斯在撑竿跳比赛中必须得到4分,但这与(1)矛盾。因此这种情况是不可能的。

如果b=3,h=2,则为了满足(3b),第二列的和必须等于第三列的和。

—	3	2
—	a	2
—	3	a+2

这一种情况与前一种类似,所以是不可能的。

如果b=1,h=2,或者b=2,h=1(它们是剩下的仅有可能),那么,为了满足(3a)和(3b),方阵变成下列二者之一:

a+1	1	2	a+1	2	1
0	a+2	2	3	a	1
3	1	a	0	2	a+2

本题的要求是求出a+1的值(这是上述两个方阵

中唯一相同的记录)：a不能大于0，否则与(7)矛盾。因此，a必须等于0。于是$a+1=1$。

由于1分是第三名的得分，所以**安东尼在撑竿跳比赛中得了第三名**。

总结起来，得分的记录是下列二者之一：

	撑竿跳比赛	跳远比赛	跳高比赛
安东尼	1	1	2
伯纳德	0	2	2
查尔斯	3	1	0

	撑竿跳比赛	跳远比赛	跳高比赛
安东尼	1	2	1
伯纳德	3	0	1
查尔斯	0	2	2

★答案 52

根据(6)，必定先有一位男士(称其为第一位男士)和另一位男士(称其为第二位男士)调换了硬币，然后第二位男士必定和第三位男士调换了硬币；在这些调换中，第一位男士必定把他的全部硬币都换给了第二位男士。因此，第一位男士手中所持的全部硬币一定可以用硬币的两种组合来表示:这两种组合之间没有一枚硬币面值相同(根据(6)),每种组合中的硬币都不能兑开一枚较大面值的硬币(根据(2)),每种组合中都不包括1美分和1美元的硬币(根据(1))。经过对满足这三条要求的硬币组合的寻找,可以发现第一位男士开始和最后持有的硬币只可能有两种总额:一是55美分,它的一种硬币组合是一枚25美分硬币和三枚10美分硬币,另一种硬币组合是一枚50美分硬币和一枚5美分硬币;一是30美分,它的一种硬币组合是三枚10美分硬币,另一种组合是一枚25美分硬币和一枚5美分硬币。因此,第一位男士开始时持有的全部硬币和第二位男士开始时持有的部分或全部硬币必定是下列情况之一(N代表5美分硬币,D代表10美分硬币,Q代表25美分硬币,H代表50美分硬币):

	第一位男士	第二位男士
Ⅰ	QDDD	HN···
Ⅱ	HN	QDDD···
Ⅲ	DDD	QN···
Ⅳ	QN	DDD···

根据(6),在随后第三位男士和第二位男士调换时,他

一定把手中所持的全部硬币都换给了第二位男士。第三位男士不可能持有上面列出的第一位男士可能持有的四种硬币组合中的任何一种组合，否则第二位男士将从第三位男士手中换来与他换给第一位男士的某些硬币面值相同的硬币，从而与(6)矛盾[①]。因此，第三位男士从第二位男士手中换来的硬币必定能兑开他开始就有的某枚硬币。这样，第二位男士换给第三位男士至少一枚他从第一位男士手中换来的硬币和至少一枚他自己开始就有的硬币。不然的话，第一位男士或第二位男士一开始就能兑开某种面值的一枚硬币，从而与(2)矛盾。所以，至少有一枚硬币过了三个人的手。这是一枚什么样面值的硬币呢？

由于没有一个人有1美元的硬币，所以过三个人的手的硬币不会是50美分的。

如果过三个人的手的是一枚5美分的硬币，则Ⅱ或Ⅳ代表第一位男士和第二位男士之间的调换。可是这样一来，第二位男士要兑换一枚较大面值的硬币，手中还得有两枚10美分的硬币或一枚5美分的硬币，从而与

① 或者第二位男士开始时持有的硬币就能兑开某种较大面值的硬币(例如当第一位男士持有QDDD，第三位男士持有DDD时，第二位男士必须持有至少两枚N，而两枚N能兑开一枚D)，从而与(2)矛盾。——译者注

(2)矛盾。因此,过三个人的手的不是5美分的硬币。

如果过三个人的手的是10美分的硬币,则Ⅰ或Ⅲ代表第一位男士和第二位男士之间的调换。可是这样一来,第二位男士要兑开一枚较大面值的硬币,手中还得有两枚10美分的硬币或一枚5美分的硬币,从而与(2)矛盾。因此,过三个人的手的不是10美分硬币。

于是,过三个人的手的必定是25美分的硬币。

结果,是Ⅰ或Ⅳ代表了第一位男士和第二位男士之间的调换。在这两种情况下,为了不与(2)矛盾,第二位男士不能再有两枚10美分的硬币(在情况Ⅰ下)或一枚5美分的硬币(在情况Ⅳ下)。第二位男士也不能再有一枚10美分的硬币,因为他无法用这枚10美分的硬币[①]去调换一枚较大面值的硬币,从而与(6)矛盾。在情况Ⅰ下他也不能再有一枚50美分的硬币,因为那会与(2)矛盾。这样,现在只有三种可能的情况:

	第一位男士	第二位男士	
Ⅰ	QDDD	HN	Q
Ⅳa	QN	DDD	Q
Ⅳb	QN	DDD	HQ

根据(1),由于过三个人的手的25美分硬币不会用于调换1美元的硬币,所以这枚25美分的硬币必定是用于调换50美分的硬币。因此,在第一位男士和第二位男士调换之后,第三位男士一定是给了第二位男士一枚50美分的硬币,换来了至少一枚25美分的硬币。但在情况Ⅰ和Ⅳb下,这样的调换结果与(6)矛盾。于是,Ⅳa是符合实际的持币情况。

总结以上情况,得出

	开始时持有	第一次调换后持有	第二次调换后持有
第一位男士	QN	DDD	DDD
第二位男士	QDDD	QQN	HN
第三位男士	H	H	QQ

根据(4)和(5),第一位男士的账单数额必定是10美分或20美分,第二位男士的账单数额必定是5美分或50美分,第三位男士的账单数额必定是25美分。

于是,符合实际情况的账单必定是下列四组账单之一:

①加上他从第一位男士那儿换来的任何硬币。——译者注

	第一位男士	第二位男士	第三位男士
(i)	20美分	5美分	25美分
(ii)	10美分	5美分	25美分
(iii)	10美分	50美分	25美分
(iv)	20美分	50美分	25美分

(iv)是不可能的,因为根据(1),女店主开始时至少有一枚硬币(非1美分);根据(8),在三份账单付清后,她的硬币总额小于1美元。

如果(i)符合实际情况,则在收清三份账单之前,女店主没有25美分的硬币。(第三位男士开始时有50美分的硬币而他的账单数额是25美分;可是根据(4),她不能给这个顾客找钱。)而且,她也没有5美分的硬币(根据第二位男士开始持有的硬币和(4)),也没有50美分的硬币(根据(8)),也没有10美分的硬币(根据第一位男士开始时持有的硬币和(4))。因此(i)和(1)(她至少有一枚硬币)矛盾,从而(i)是不可能的。

如果(ii)符合实际情况,则女店主没有5美分的硬币(根据第二位男士开始时持有的硬币和(4)),也没有25美分的硬币(根据第三位男士开始时持有的硬币和(4)),也没有50美分的硬币(根据第二位男士开始时持有的硬币和(4)),也没有两枚或多于两枚的10美分的硬币(根据第一位男士开始时持有的硬币和(4))。因此在这种情况下,她应该只有一枚10美分的硬币。

如果(iii)符合实际情况,则女店主没有5美分的硬币(根据第二位男士开始时持有的硬币和(4)),也没有25美分的硬币(根据第三位男士开始时持有的硬币和(4)),也没有50美分的硬币(根据(8)),也没有两枚或多于两枚的10美分的硬币(根据第一位男士开始时持有的硬币和(4))。因此在这个情况下,她应该只有一枚10美分的硬币。

如果(ii)符合实际情况,则在三份账单付清后,女店主有硬币QDDN,第一位男士有DD,第二位男士有H,第三位男士有Q。根据(8),女店主所有硬币的总额与1美元之差等于糖果的价钱。因此糖果的价钱是50美分。但是,根据(7),买糖果的那位男士所有的硬币总额超过糖果的价钱。这样,没有一位男士买了糖果(因为这时每位男士的硬币总额都没有超过50美分)。于是,(ii)是不可能的。

至此,(iii)必定是符合实际的情况。根据(3),内德是第一位男士,卢是第二位男士,莫是第三位男士。在付清三份账单后,女店主有硬币HQDD,内德有硬币DD,卢有硬币N,莫有硬币Q。根据(8),糖果的价钱一定是5美分。于是,根据(7),买糖果的既不是有5美分的卢,也不是有25美分的莫。这样,是有两枚10美分硬币的内德买了糖果。因此,**是内德给了女店主1美元的纸币。**

全部的情况,可以总结如下:

	账单数额	开始持有	第一次调换后持有	第二次调换后持有	付账后持有
卢	50美分	QDDD	QQN	HN	N
莫	25美分	H	H	QQ	Q
内德	10美分	QN	DDD	DDD	DD
女店主	—	D	D	D	HQDD

糖果的价钱:5美分

★答案 53

最佳选手和最佳选手的孪生同胞年龄相同;根据(2),最佳选手和最差选手的年龄相同;根据(1),最佳选手的孪生同胞和最差选手不是同一个人。因此,四个人中有三个人的年龄相同。由于斯科特先生的年龄肯定大于他的儿子和女儿,从而年龄相同的三个人必定是斯科特先生的儿子、女儿和妹妹。这样,斯科特先生的儿子和女儿必定是

(1)中所指的孪生同胞。

因此,斯科特先生的儿子或女儿是最佳选手,而斯科特先生的妹妹是最差选手。根据(1),最佳选手的孪生同胞一定是斯科特先生的儿子,**而最佳选手无疑是斯科特先生的女儿。**

★答案 54

根据(1)、(2)和(3),此人手中四种花色的分布是以下三种可能情况之一:

(a) 1 2 3 7

(b) 1 2 4 6

(c) 1 3 4 5

根据(6),情况(c)被排除,因为其中所有花色都不是两张牌。

根据(5),情况(a)被排除,因为其中任何两种花色的张数之和都不是六。

因此,(b)是实际的花色分布情况。

根据(5),其中要么有两张红心和四张黑桃,要么有四张红心和两张黑桃。

根据(4),其中要么有一张红心和四张方块,要么有四张红心和一张方块。

综合(4)和(5),其中一定有四张红心;从而一定有两张黑桃。**因此,黑桃是王牌花色。**

概括起来,此人手中有四张红心、两张黑桃、一张方块和六张梅花。

★答案 55

A不能是0,否则M和N也都等于0。

A不能是1,因为乘积与AS不同。

A不能是2,因为这样乘积就不会是三位数。

A不能是3,因为不可能给$A\times A$进位4。

A不能是4或7,因为不可能给$A\times A$进位8。

A不能是5或6,因为这样要么S等于0,这就使得N等于S;要么S等于1,这就使得N等于A。

A不能是9,因为这样就必须给$A\times A$进位8,使得S等于A。

因此,A必定是8。

虽然至此已经完成了本题的要求,但我们还是把S、M和N的值求出来:由于必须进位4,S一定是5或6;但是S不能是6,否则会使N等于A。因此S是5,整个乘法算式如下:

$$\begin{array}{r} 8\ 5 \\ \times\quad 8 \\ \hline 6\ 8\ 0 \end{array}$$

★答案 56

由于每一列都是四个不同的数字相加，所以一列数字加起来得到的和最大为9+8+7+6，即30。由于I不能等于0，所以右列向左列的进位不能大于2。由于向左列的进位不能大于2，所以I（作为和的首位数）不能等于3。于是I必定等于1或2。

如果I等于1，则右列数字之和必定是11或21，而左列数字之和相应为10或9。于是，

$$(B+D+F+H)+(A+C+E+G)+I=11+10+1=22,$$

或者

$$(B+D+F+H)+(A+C+E+G)+I=21+9+1=31。$$

但是，从1到9这十个数字之和是45，而这十个数字之和与上述两个式子中九个数字之和的差都大于9。这种情况是不可能的。因此I必定等于2。

既然I等于2，那么右列数字之和必定是12或22，而左列数字之和相应为21或20。于是，

$$(B+D+F+H)+(A+C+E+G)+I=12+21+2=35,$$

或者

$(B+D+F+H)+(A+C+E+G)+I=22+20+2=44$。

这里第一种选择不成立，因为那十个数字之和与式子中九个数字之和的差大于9。因此**缺失的数字必定是1**。

至少存在一种这样的加法式子，这可以证明如下：按惯例，两位数的首位数字不能是0，所以0只能出现于右列。于是右列其他三个数字之和为22。这样，右列的四个数字只有两种可能：0、5、8、9（左列数字相应为3、4、6、7），或0、6、7、9（左列数字相应为3、4、5、8）。显然，这样的加法式子有很多。

★答案 57

根据Ⅰ，每条供词都是由供词中没有提到的怀疑对象所说的。因此，供词与怀疑对象之间的对应关系只有两种可能：

A	B
(1)布拉德：亚当是无辜的。	(1)科尔：亚当是无辜的。
(2)科尔：布拉德说的是真话。	(2)亚当：布拉德说的是真话。
(3)亚当：科尔在撒谎。	(3)布拉德：科尔在撒谎。

对于A，(2)支持(1)；而(3)否定(2)，进而否定(1)。事实上，供词变成了：

(1)布拉德:亚当是无辜的。

(2)科尔:亚当是无辜的。

(3)亚当:亚当有罪。

如果“亚当有罪”是真话,那么亚当说了真话而且是有罪的。根据Ⅱ,这是不可能的。

如果“亚当是无辜的”是真话,那么布拉德和科尔说了真话,而且其中有一人是有罪的。根据Ⅱ,这也是不可能的。

因此,A是不可能的。

对于B,(3)否定(1);而(2)支持(3),进而否定(1)。事实上,供词变成了:

(1)科尔:亚当是无辜的。

(2)亚当:亚当有罪。

(3)布拉德:亚当有罪。

如果“亚当有罪”是真话,那么亚当说了真话而且是有罪的。根据Ⅱ,这是不可能的。

如果“亚当是无辜的”是真话,那么亚当是无辜的,而且亚当和布拉德都撒了谎。由于撒谎的是亚当和布拉德,他们两人中有一人是有罪的。由于亚当是无辜的(尽管他撒了谎),所以**布拉德必定是凶手。**

★答案 58

根据Ⅱ，如果有一方**能够**取胜，那他**一定要**取胜。

根据(2)和(3)：

(a)当这堆硬币中只有一枚硬币要取的时候，显然取者必赢。

(b)当这堆硬币中有两枚硬币要取的时候，取者必输。这是因为他只能取走一枚硬币，这样就把只有一枚硬币要取的必胜机会留给了对方。

(c)当这堆硬币中有三枚硬币要取的时候，取者必赢。这是因为如果他一下子把三枚硬币全都取走，显然他马上就赢了；如果他只取走一枚硬币，就使对方陷入了有两枚硬币要取的必败境地。

(d)当这堆硬币中有四枚硬币要取的时候，取者可以一下子把四枚硬币全都取走从而获胜。如果他只取走一枚硬币，就把有三枚硬币要取的必胜机会留给了对方。如果他取走三枚硬币，就把只有一枚硬币要取的必胜机会留给了对方。

(e)当这堆硬币中有五枚硬币要取的时候，如果取者能够留下一定枚数的硬币从而使对方陷于必败的境地，那他就赢了。因此，如果他能留下两枚硬币让对方取，那他就赢了。于是，他取走了三枚硬币。

按照这样的推理，我们可以发现，当这堆硬币中有两枚、七枚或九枚硬币要取的时候，取者注定要输；当这堆硬币中有一枚、三枚、四枚、五枚、六枚或八枚硬币要取的时候，取者稳操胜券。

下列两表总结了这两类情况分别是怎样注定导致失败和怎样稳步走向胜利的。

注定要输的局面	如果一方取走	他留给对方的必胜机会
2	1	1
7	1 3 4	6 4 3
9	1 3 4	8 6 5

稳操胜券的局面	如果一方取走	他使对方陷入的必败境地
1	1	0
3	1 3	2 0
4	4	0
5	3	2
6	4	2
8	1	7

根据(1),开始时有九枚硬币。由于九枚硬币是注定要输的局面,谁开局谁必输。根据Ⅰ,是奥布里开局,故奥布里必输。因此**布莱恩必赢**。

★答案 59

设a为8点时参加聚会的人分成的组数,则根据(1),这时参加聚会的共有$5a$位。设b为9点时参加聚会的人分成的组数,则根据(2),这时参加聚会的共有$4b$位,而且$5a+2=4b$。

设c为10点时参加聚会的人分成的组数,则根据(3),这时参加聚会的共有$3c$位,而且$4b+2=3c$。

设d为11点时参加聚会的人分成的组数,则根据(4),这时参加聚会的共有$2d$位,而且$3c+2=2d$。

经过反复试验,得出在第一个和第二个方程中a、b和c的可能值如下(根据(1),a不能大于20)。

$5a+2=4b$		$4b+2=3c$	
a	b	b	c
2	3	1	2
6	8	4	6
10	13	7	10
14	18	10	14
18	23	13	18

16	22
19	26
22	30

由于 b 在两个方程中必须有相同的值，所以 $b=13$。于是 $a=10$，$c=18$。由于 $c=18$，所以从第三个方程，$d=28$。

因此，参加聚会的人数，8点时是50人，9点时是52人，10点时是54人，11点时是56人。

根据(1)、(5)和(6)，如果是阿米莉亚按原来打算在她丈夫之后一小时到达，则8点时参加聚会的人数就会是49人。根据(2)、(5)和(6)，如果是布伦达按原来打算在她丈夫之后一小时到达，则9点时参加聚会的人数将会是51人。根据(3)、(5)和(6)，如果是谢里尔按原来打算在她丈夫之后一小时到达，则10点时参加聚会的人数将会是53人。根据(4)、(5)和(6)，如果是丹尼斯原来打算在她丈夫之后一小时到达，则11点时参加聚会的人数将会是55人。

在49人、51人、53人和55人这四个人数中，只有53人不能分成人数相等的若干个小组(为了能进行交谈，每组至少要有两人)。

因此，根据(3)和(6)，**对自己丈夫的忠诚有所怀疑的是谢里尔。**

★答案 60

根据(6),那天晚上,泽维尔、约曼和曾格这三人对威尔逊的无线电呼叫各作了三次应答。其中每人的第二次应答和第三次应答之间都相隔75分钟:泽维尔是9:40到10:55,约曼是9:45到11:00,而曾格是9:50到11:05。根据(2)和(4),这三人都不可能在各自的这段时间内乘独木舟去了奥斯本的帐篷作案然后又返回自己的帐篷。但其中每人的第一次应答和第二次应答之间都相隔85分钟:泽维尔是8:15到9:40,约曼是8:20到9:45,而曾格是8:25到9:50 。因此,如果是这三人中的一人枪杀了奥斯本,则作案时间就在凶手的这段时间内。

根据(6),奥斯本在9:15对威尔逊的呼叫作了应答。又根据(1),奥斯本是中枪后立即死亡。因此,奥斯本的死亡时间是在9:15之后。

但是,根据(3)、(4)和(5):

约曼从奥斯本的帐篷返回自己的帐篷所需的时间至少是40分钟;曾格从奥斯本的帐篷返回自己的帐篷所花的时间要超过40分钟。

因此,如果是约曼枪杀了奥斯本,那他最迟必须在9:05,也就是在他应答威尔逊的第二次呼叫前至少40分钟的时候离开奥斯本的帐篷。如果是曾格枪杀了奥斯本，那他必须在9:10之前，也就是在他应答威尔逊的第二次呼叫前40分钟之前的某个时候离开奥斯本的帐篷。因此如果是约曼或曾格枪杀了奥斯本，则奥斯本就不可能在9:15进行应答，因为奥斯本是立即死亡，不能再进行应答了。

可是，泽维尔却可能在8:15对威尔逊的第一次呼叫作了应答后立即出发去奥斯本的帐篷。根据(3)、(4)和(5)，他将在8:55之后的某个时候，也就是40分钟之后的某个时候抵达奥斯本的帐篷。接着，在9:15之后的某个时候枪杀了奥斯本，然后借助湍急的河流顺流而下，于9:40之前返回自己的帐篷，对威尔逊的第二次呼叫进行应答。

因此，**仍被威尔逊作为怀疑对象的是泽维尔。**

★答案 61

根据Ⅱ，如果有一方能够取胜，那他一定要取胜。如果一方能够逼和(假定他不能取胜)，那他一定要逼和。

根据(2)和(3)：

(a)当这堆硬币中只有一枚硬币要取的时候，显然游戏只能以和局告终，因为谁也不能取。

(b)当这堆硬币中有两枚硬币要取的时候，取者必输。这是因为他必须取走这两枚硬币。

(c)当这堆硬币中有三枚硬币要取的时候,取者只能采取逼和的策略。这是因为如果他一下子把三枚硬币全都取走,那他就输了;于是他只取走两枚硬币,这样对方就不能取了。

(d)当这堆硬币中有四枚硬币要取的时候,取者可以取走两枚硬币从而获胜,因为这样就使对方陷入了只有两枚硬币要取的必败境地。如果他取走三枚硬币,游戏就以和局告终。

(e)当这堆硬币中有五枚硬币要取的时候,如果取者能够留下一定枚数的硬币从而使对方陷于必败的境地,那他就赢了。因此,他取走了三枚硬币,使对方陷入了只有两枚硬币要取的必败境地。

(f)当这堆硬币中有六枚硬币要取的时候,取者只能采取逼和的策略。他可以取走三枚硬币,这就造成了有三枚硬币要取的必和局面。如果他只取走两枚硬币,就把有四枚硬币要取的必胜机会留给了对方。

按照这样的推理,我们可以发现,当这堆硬币中有两枚、七枚或十二枚硬币要取的时候,取者注定要输;当这堆硬币中有四枚、五枚、九枚或十枚硬币要取的时候,取者稳操胜券;当这堆硬币中有一枚、三枚、六枚、八枚或十一枚硬币要取的时候,游戏必以和局告终。

下列三表总结了这三类情况分别是怎样注定导致失败、怎样稳步走向胜利和怎样以和局告终的。

注定要输的局面	如果一方取走	他留给对方的必胜机会
2	2	0
7	2 3	5 4
12	2 3	10 9

稳操胜券的局面	如果一方取走	他使对方陷入的必败境地
4	2	2
5	3	2
9	2	7
10	3	7

只能逼和的局面	如果一方取走	他造成的必和局面
1	–	1
3	2	1
6	3	3
8	2	6
11	3	8

根据(1),开始时有十二枚硬币。由于十二枚硬币是注定要输的局面,谁开局谁必输。根据Ⅰ,是阿曼德开局,故阿曼德必输。因此**比福德必赢**。

★答案 62

根据(1),休伯特首次值班和最近一次值班相距不到100天。

根据(2),休伯特首次值班和最近一次值班相距的天数一定是7的倍数。

根据(3)和(4),休伯特首次值班不会是在二月份,因为没有其他月份与二月份天数相同。因此休伯特首次值班和最近一次值班相距的天数大于28。

根据上述各点,休伯特首次值班和最近一次值班相距的天数一定是以下各数之一:35、42、49、56、63、70、84、91、98。

从这十种可能来看,休伯特首次值班和最近一次值班相距超过一个月而不满四个月。因此,根据(3),休伯特首次值班和最近一次值班相距或者正好两个月或者正好三个月。

月份	天数	从左栏开始连续两个月的天数	从左栏开始连续三个月的天数
一月	31	59或60	90或91
二月	28或29	59或60	89或91
三月	31	61	92
四月	30	61	91
五月	30	61	92
六月	30	61	92
七月	31	62	92
八月	31	61	92
九月	30	61	91
十月	31	61	92
十一月	30	61	92
十二月	31	62	90或91

在上表中,前面提到的十种可能只有91出现。因此,休伯特首次值班和最近一次值班相距91天。结果首次值班和最近一次值班所在的月份有以下四种可能:

	首次值班所在的月份	最近一次值班所在的月份
Ⅰ	一月（31天）	四月（30天）
Ⅱ	四月（30天）	七月（31天）
Ⅲ	九月（30天）	十二月（31天）
Ⅳ	十二月（31天）	三月（31天）

根据（4），**休伯特首次值班必定是在十二月。**

★答案 63

运用（4），设：

c=一本图书目录的宽度；

d=一本字典的宽度；

e=一本百科全书的宽度；

x=书架的宽度。

于是，根据每位助手的回答，相应有：

（A）阿斯特：$2c+3d+3e=x$；

（B）布赖斯：$4c+3d+2e=x$；

（C）克兰：$4c+4d+3e=x$。

从（C）减去（A），得：$2c+d=0$，从而$d=-2c$，这不可能。

从（C）减去（B），得：$d+e=0$，从而$d=-c$，这不可能。

从（B）减去（A），得：$2c-e=0$，从而$e=2c$，这是可能的。

由于用（C）同（A）和（B）联立得出的解都导致不可能

的情况，所以克兰女士的回答是错误的。于是，根据(1)，方程(A)和(B)是正确的，$e=2c$。

根据(3)，如果是15本百科全书能正好放满这层书架，那么30本图书目录也能正好放满这层书架。因此，根据(2)，百科全书不能正好放满这层书架。

如果是15本字典能正好放满这层书架，那么运用(A)(也可以运用(B))以及$e=2c$，可得：

$$2c+3d+3e=x,$$

$$e+3d+3e=x,$$

$$3d+4e=x,$$

$$3d+4e=15d,$$

$$4e=12d,$$

$$e=3d。$$

根据(3)，如果是15本字典能正好放满这层书架，那么5本百科全书也能正好放满这层书架。因此，根据(2)，字典不能正好放满这层书架。

于是，**只有图书目录能正好放满这层书架。**

运用(A)(也可以运用(B))以及$e=2c$，可得：

$$2c+3d+3e=x,$$

$$2c+3d+6c=x,$$

$$3d+8c=x,$$

$$3d+8c=15c,$$

$$3d=7c,$$

$$d=2c。$$

既然15本图书目录能正好放满这层书架，那么百科全书就不能正好放满这层书架，因为根据 $e=2c$，书架的宽度相当于7本百科全书的总宽度。字典也不能正好放满这层书架，因为根据 $d=2c$，书架的宽度相当于6本字典的总宽度。

★答案 64

根据Ⅱ，如果有一方能够取胜，那他一定要取胜。

根据(2)和(3)：

(a)当这堆硬币中只有一枚硬币要取的时候，显然取者必输。

(b)当这堆硬币中有两枚硬币要取的时候，取者可以只取走一枚硬币从而获胜，因为这样就使对方陷入了只有一枚硬币要取的必败境地。

(c)当这堆硬币中有三枚硬币要取的时候，取者可以取走两枚硬币从而获胜，因为这样就可使对方陷于同(b)一样的必败境地。如果他只取走一枚硬币，对方就再取走一枚硬币而获胜。

(d)当这堆硬币中有四枚硬币要取的时候,取者必输。如果他取走一枚硬币,就把有三枚硬币要取的必胜机会留给了对方。如果他取走两枚硬币,就把有两枚硬币要取的必胜机会留给了对方。如果他取走四枚硬币,显然他马上就输了。他不可能获胜,因为他不可能留下一定枚数的硬币从而使对方陷于必败的境地。

(e)当这堆硬币中有五枚硬币要取的时候,如果取者能够留下一定枚数的硬币从而使对方陷于必败的境地,那他就赢了。因此,如果他能留下一枚或四枚硬币让对方取,那他就赢了。于是,他取走四枚硬币,留下一枚,或者取走一枚硬币,留下四枚。

按照这样的推理,我们可以发现,当有一枚、四枚、七枚或十枚硬币要取的时候,取者注定要输;当有两枚、三枚、五枚、六枚、八枚或九枚硬币要取的时候,取者稳操胜券。

下列两表总结了这两类情况分别是怎样注定导致失败和怎样稳步走向胜利的。

注定要输的局面	如果一方取走	他留给对方的必胜机会
4	$\begin{cases}1\\2\\4\end{cases}$	$\begin{cases}3\\2\\0\end{cases}$

7	1 2 4	6 5 3
10	1 2 4	9 8 6

稳操胜券的局面	如果一方取走	他使对方陷入的必败境地
2	1	1
3	2	1
5	1 4	4 1
6	2	4
8	1 4	7 4
9	2	7

根据(1),开始时有十枚硬币。由于十枚硬币是注定要输的局面,谁开局谁必输。根据Ⅰ,是奥斯汀开局,故奥斯汀必输。因此**布鲁克斯必赢。**

★答案 65

如果阿伦是那漂亮的青年,那么根据(2),他将通过化学考试;而根据Ⅱ,他将不能通过物理考试。如果阿伦不漂亮，那么根据(1)，他将不能通过物理考试；而根据Ⅱ，他将通过化学考试。

如果布赖恩是那漂亮的青年，那么根据(4)，他将通过物理考试；而根据Ⅱ，他将不能通过化学考试。如果布赖恩不漂亮，那么根据(3)，他将不能通过化学考试；而根据Ⅱ，他将通过物理考试。

如果科林是那漂亮的青年，那么根据(6)，他将通过物理考试；而根据Ⅱ，他将不能通过化学考试。如果科林不漂亮，那么根据(5)，他将不能通过物理考试，而根据Ⅱ，他将通过化学考试。

现在可以得到下表：

如果	那么他只能通过
阿伦是那漂亮的青年	化学考试
阿伦不漂亮	化学考试
布赖恩是那漂亮的青年	物理考试
布赖恩不漂亮	物理考试
科林是那漂亮的青年	物理考试
科林不漂亮	化学考试

阿伦不可能是那唯一的漂亮青年，否则阿伦和科林都能通过化学考试，从而与Ⅰ发生矛盾。科林也不可能是那唯一的漂亮青年，否则布赖恩和科林都能通过物理

考试，从而与Ⅰ发生矛盾。然而，如果布赖恩是那唯一的漂亮青年，那他倒是唯一能通过物理考试的青年，与Ⅰ相符合，而且他也是唯一不能通过化学考试的青年，与Ⅱ相符合。

因此，**布赖恩就是那漂亮的青年。**

★答案 66

根据(1)和(2)，成双成对来参加舞会的共有6对。根据(3)、(4)和(5)，如果a是已婚女士的人数，则$6-a$等于处于订婚阶段的女士的人数，而且$6-a$还等于处于订婚阶段的男士的人数。

于是根据(6)，$6-a$等于已婚男士的人数。

如果b是单独前来的已婚男士的人数，那么，已经结婚而偕同夫人一起前来的男士的人数(a)加上单独前来的已婚男士的人数(b)，等于已婚男士的总人数：$a+b=6-a$。于是单独前来的已婚男士的人数(b)等于$6-2a$。

根据(7)，$6-2a$等于单独前来的尚未订婚的男士人数。

于是根据(4)，尚未订婚的女士的人数，等于单独前来的人数(7)减去单独前来的已婚男士的人数($6-2a$)，再减去单独前来的尚未订婚的男士的人数：$7-(6-2a)-(6-2a)$，即$4a-5$。

因此，a等于已婚女士的人数，$6-a$等于处于订婚阶段的女士的人数，而$4a-5$等于尚未订婚的女士的人数。

由于$4a-5$等于尚未订婚的女士人数，所以a不能等于0或1。根据(9)，杰克先生是尚未订婚的男士，于是a不能大于2，否则尚未订婚的男士的人数$(6-2a)$将成为0甚至负数。所以，a必定等于2。

因此，在这次舞会上，共有2位已婚女士、4位处于订婚阶段的女士和3位尚未订婚的女士。

根据(8)，**尤妮斯是一位已经订婚但尚未结婚的女士。**

★答案 67

由于每条供词说的都是他人，所以这三条供词不可能都是无辜者一人作的。否则，她就说到了她自己，从而与Ⅰ矛盾。因此，根据Ⅱ，无辜者提供了其中的一条或两条供词。

如果无辜者只提供了其中一条供词，那么根据Ⅲ，只有这一条供词才是真话，而其他两条供词就都是假话了。但是这种情况是不可能的，因为如果其中任何两条供词是假话，那么余下的一条也一定是假话。这一点可分析如下。

(a)如果(1)和(2)是假话,则安娜就是同谋,而巴布斯就是凶手。因此科拉就是无辜者。这就使(3)也成为假话。

(b)如果(1)和(3)是假话,则安娜就是同谋,而科拉是无辜者。因此巴布斯就是凶手。这就使(2)也成为假话。

(c)如果(2)和(3)是假话,则巴布斯就是凶手,而科拉是无辜者。因此安娜就是同谋。这就使(1)也成为假话。

因此,无辜者作了其中的两条供词。根据Ⅰ,这两条供词只能是由供词中没有说到的那名妇女作的。

(d)如果(2)和(3)是这两条供词,则它们就是安娜作的。于是安娜就是无辜者。但是供词(1)作为假话,却表示安娜是同谋。因此这种情况是不可能的。

(e)如果(1)和(3)是这两条供词,则它们就是巴布斯作的。于是巴布斯就是无辜者。但是供词(2)作为假话,却表示巴布斯是凶手。因此这种情况也是不可能的。

(f)这样,(1)和(2)是两条如实的供词,它们是由科拉作的。于是科拉是无辜者。供词(3)作为假话,与这个结论是一致的。由于科拉是无辜者,并由于是真话的(1),巴布斯就是同谋。于是**安娜就是凶手**。(1)作为真话,与这个结论是一致的。

★答案 68

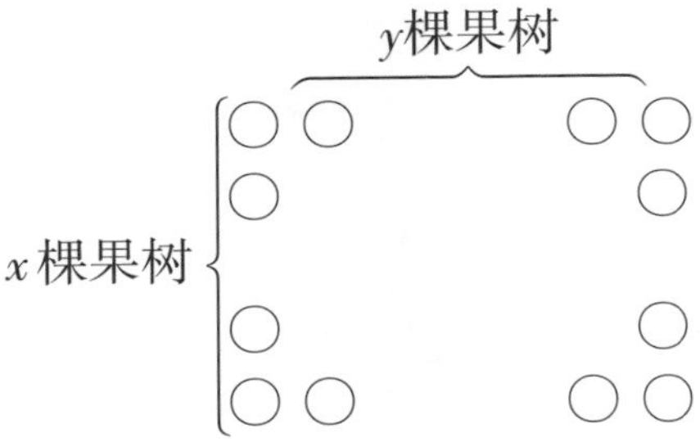

根据(1),设(3)中提到的三片果树林的两条相邻边上果树的棵数分别为x和y。于是边界上果树的棵数等于$(y+y)+(x-2)+(x-2)$,即$2y+2x-4$;而内部果树的棵数等于$(x-2)(y-2)$。

根据(3),

$$2y+2x-4=(x-2)(y-2)。$$

解出x,

$$x=(4y-8)/(y-4)。$$

于是y必须大于4,而$y-4$必须整除$4y-8$。

经反复试验,得出以下四对数值:

x	y
12	5
8	6
6	8
5	12

(这里是全部可能的数值,因为$(4y-8)/(y-4)$等于$4+8/(y-4)$,要使$8/(y-4)$为正整数,y必须是5、6、8或12。)

根据(2),一定是苹果林有5行,柠檬林有6行,柑橘林有7行,桃树林有8行。

由于有7行果树的柑橘林不能满足条件(3),所以**边界上的果树与内部的果树棵数不相等的果树林是柑橘林。**

★答案 69

根据(1)、(2)和(3),谋杀发生时,有关这五个人所在地点的情况是:

有一个男人在酒吧里　　凶手在海滩上　　有一个子女一人独处　　有一个女人在酒吧里　　被害者在海滩上

于是根据(4),或者是艾丽斯的丈夫在酒吧,艾丽斯在海滩;或者是艾丽斯在酒吧,艾丽斯的丈夫在海滩。

如果艾丽斯的丈夫在酒吧,那么和他在一起的女人一定是他的女儿,一人独处的是他的儿子,而在海滩的是艾丽斯和她的哥哥。于是艾丽斯和她的哥哥两人中,一人是被害者,另一人是凶手。但是根据(5),被害者有一个孪生同胞,而且这个孪生同胞是无罪的。因为现在只有艾丽斯和她的哥哥才能是这对孪生同胞,因此这种情况是不可能的。所以艾丽斯的丈夫不在酒吧。

因此，在酒吧的是艾丽斯。如果艾丽斯在酒吧，那么同她在一起的或者是她的哥哥或者是她的儿子。

如果她是同她的哥哥在一起，那么她的丈夫是和一个子女在海滩。根据(5)，被害者不可能是她的丈夫，因为其他人中没有人能是他的孪生同胞；从而凶手是她的丈夫，被害者是一个子女。但这种情况是不可能的，因为这同(6)相矛盾。因此，艾丽斯在酒吧不是同她的哥哥在一起，而是同她的儿子在一起。于是，一人独处的是她的女儿。所以，艾丽斯的丈夫是和艾丽斯的哥哥一起在海滩。根据与前面同样的道理，被害者不可能是艾丽斯的丈夫。但艾丽斯的哥哥却可以是被害者，因为艾丽斯可以是他的孪生同胞。因此**艾丽斯的哥哥是被害者。**

★答案 70

设a、b分别代表A和B打赌前手头拥有的款额。于是，根据(1)，在两人打赌后，A有$2a$，B有$b-a$。

设c是C与B打赌前C手头拥有的款额。于是，根据(2)，在B和C打赌后，B有$(b-a)+(b-a)$，即$2b-2a$，而C有$c-(b-a)$，即$c-b+a$。

随后，根据(3)，在C和A打赌后，C有$(c-b+a)+(c-b+$

a),即 $2c-2b+2a$,而 A 有 $2a-(c-b+a)$,即 $a-c+b$。

根据(4),$a-c+b=2b-2a$,$a-c+b=2c-2b+2a$。从第一个方程得出:$b=3a-c$;从第二个方程得出:$3b=a+3c$。把前者乘以3,然后把两者相加得出:$6b=10a$,即 $b=(5/3)a$。以 $b=3a-c$ 代入,得到:$c=(4/3)a$。

因此,开始时 A 有 a 美分,B 有 $(5/3)a$ 美分,C 有 $(4/3)a$ 美分。

根据(5),a 不能是50美分,否则 B 和 C 在开始时就得有分数值的美分;$(4/3)a$ 也不能是50美分,否则 A 和 B 在开始时就得有分数值的美分。因此,$(5/3)a$ 是50美分,而**B是说这番话的人。**

总而言之,在打赌开始之前,A 有30美分,B 有50美分,C 有40美分。

★答案 71

根据(1)、(2)、(3)和(6),三角形鸡圈三条边的长度之比为1:2:3,但是其中有一个数字是错误的。

根据(4),错误的数字代之以一个整数。

根据(5),错误的数字必须代之以大于3的整数。如果以大于3的整数取代2或3,则不可能构成一个三角形,因为三角形任何两边之和一定要大于第三边。因此1

是错误的数字，也就是说，**面对仓库的那一边铁丝网的价钱10美元记错了。**

如果用大于4的整数取代1，仍然不可能构成鸡圈。但是，如果用4取代1，则可以构成一个鸡圈。因此，面对仓库的那一边铁丝网的价钱是40美元而不是10美元。

★答案 72

设

a为阿诺德所购的股数；

b为巴顿所购的股数；

c为克劳德所购的股数；

d为丹尼斯所购的股数。

于是，根据(1)和(4)，就这四人购买股票总共所花的钱可写出方程：

$$3a+4b+6c+8d=161。$$

假定阿诺德是那位父亲，则根据(1)和(2)，他买了24股；假定巴顿是那位儿子，则根据(1)和(3)，他买了6股。如此等等，共有十二种可能，列表于下。

	父亲（花了72美元）	儿子（花了24美元）
I	a=24	b=6

Ⅱ	$a=24$	$c=4$
Ⅲ	$a=24$	$d=3$
Ⅳ	$b=18$	$a=8$
Ⅴ	$b=18$	$c=4$
Ⅵ	$b=18$	$d=3$
Ⅶ	$c=12$	$a=8$
Ⅷ	$c=12$	$b=6$
Ⅸ	$c=12$	$d=3$
Ⅹ	$d=9$	$a=8$
Ⅺ	$d=9$	$b=6$
Ⅻ	$d=9$	$c=4$

注意：(A)a、b、c、d都是正整数；(B)如果一个整数能整除一个具有五个项的方程中的四项，则它也一定能整除其中的第五项。

根据上述的(B)，a不能等于24或8，因为161不能被2整除。如果d等于3则b不能等于18，如果b等于6则d不能等于9，因为161不能被3整除。因此，Ⅰ、Ⅱ、Ⅲ、Ⅳ、Ⅵ、Ⅶ、Ⅹ和Ⅺ都被排除。

如果$d=9$，$c=4$，则$3a+4b=65$。这样，a或b要大于9，从而与(2)矛盾。如果$c=12$，$b=6$则$3a+8d=65$。这样，a或d要小于6，从而与(3)矛盾。因此，Ⅷ和Ⅻ被排除。

如果b=18，c=4，则$3a+8d$=65。$3a$必须是奇数，因为$8d$是偶数而65是奇数（偶数乘以任何整数总得偶数，偶数加上奇数总得奇数）。

于是，a必须是4和18之间的一个奇数（奇数乘以奇数总得奇数）。这里唯一能使d取整数的是a=11。这意味着d=4，但这与(3)矛盾。因此，Ⅴ被排除。

剩下唯一的可能是Ⅸ，因此，**克劳德是那位父亲，丹尼斯是那位儿子。**

通过进一步分析，可以得出a、b、c、d的两组可能值。由c=12，d=3，得$3a+4b$=65。根据与前面同样的推理，a必须是3和12之间的一个奇数。这里能使b取整数的只有a=7和a=11。于是得到这样两组可能的值：

$a=7$	$a=11$
$b=11$	$b=8$
$c=12$	$c=12$
$d=3$	$d=3$

★答案 73

在这三道题目中，A、B、C所处的位置相同。(2)所指的两道题目的积与被乘数所含数字相同但顺序相反，因此它们可以表示为如下的统一形式，只是A和B之间字

母的个数不定:

$$\begin{array}{r} A \cdots B \\ \times \quad\quad C \\ \hline B \cdots A \end{array}$$

于是,根据(1),对此可以进行如下的推理。

$C \times A$ 必须小于 10,C 和 A 都不能是零,C 还不能是 1。(虽然按惯例,A 作为一个数的首位数不会是零,但在本题中,即使不考虑这点,A 也不会是零[①])因此 C 和 A 可能取以下的值:

---

①关于这一点,似可推理如下。如果允许 A 为零,则 C 和 B 中必有一个为5。

若 C 为 5,则 $R \cdots B \times 5 = B \cdots R0 = B \cdots R \times 10$,于是 $R \cdots B \times 10 = B \cdots R \times 2 \times 10$,即 $R \cdots B = B \cdots R \times 2$。这就是原题中 C 为 2 的情况。文中将证明这是不可能的。

若 B 为 5,则由 $R \cdots 5 \times C = 5 \cdots R0$ 可知 C 必须为偶数,而且 $R \times C$ 必须进位5。于是 C 只能为6或8。

若 C 为 6,则 R 只能为7、8或9。若 R 为7,则由 $7 \cdots 5 \times 6 = 5 \cdots 70$ 可知,被乘数左边第二位数字乘以6必须至少进位8。这是不可能的,因为 9×6 也不过是54。若 R 为8,则由 $8 \cdots 5 \times 6 = 5 \cdots 80$ 可知,被乘数右边第二位数字乘以6所得积的末位数必须为5。这是不可能的,因为这个末位数必定是偶数。若 R 为9,则由

	C	A		C	A		C	A
（1）	2	1	（5）	3	2	（9）	6	1
（2）	2	3	（6）	4	1	（10）	7	1
（3）	2	4	（7）	4	2	（11）	8	1
（4）	3	1	（8）	5	1	（12）	9	1

$C\times B$必须以A为末位数，因此如果C是偶数，则A也必须是偶数。这就排除了（1）、（2）、（6）、（9）和（11）。如果C为5，则$C\times B$和末位数A只能是5或0，而不能是1，所以（8）被排除。如果C为9，则B也必须为9才能使A为1，但是C和B不能同时为9，所以（12）也被排除。把余下的C的可

9…5×6=5…90可知，被乘数右边第二位数字必须为1或6。C已为6，故这个数必为1。这样就得9…15×6=51…90。这是不可能的，因为9×6已经是54了。

若C为8，则R只能为6或7。若R为6，则由6…5×8=5…60可知，被乘数右边第二个数字必须为4或9。若为4，则得6…45×8=54…60。这样被乘数左边第二位数字乘以8必须进位6，于是它只能为7（因为C已经为8了），但是6745×8=53960，不合要求。若为9，则得6…95×8=59…60。这是不可能的，因为7×8也不过是56。若R为7，则由7…5×8=5…70可知，被乘数右边第二位数字乘以8所得积的末位数必须为3。这是不可能的，因为这个数字必定是偶数。——译者注

能值乘以从1到9的各个数字，同相应的A比较以得到相应的B。结果如下：

	C	B	A		C	B	A
(3)	2	7	4	(7a)	4	3	2
(4)	3	7	1	(7b)	4	8	2
(5)	3	4	2	(10)	7	3	1

$C \times A$必须小于或等于B，所以(3)、(5)、(7a)和(10)都被排除。对于(4)和(7b)，两个不完整的可能算式是：

$$\text{(4)}\quad \begin{array}{r} 1\ R\cdots 7 \\ \times \qquad 3 \\ \hline 7\cdots R\ 1 \end{array} \qquad \text{(7b)}\quad \begin{array}{r} 2\ R\cdots 8 \\ \times \qquad 4 \\ \hline 8\cdots R\ 2 \end{array}$$

在(4)中，$3 \times R$不可能给3×1进位4以得到7，所以(4)被排除。于是(7b)是唯一可能的乘法算式，从而条件(2)所指的那两道题目中，$A=2$，$B=6$，$C=4$。

在(7b)中，4×8进位3。因此在积中，R不可能为0。R也不可能是2，因为$A=2$。R也不可能大于2，因为$4 \times R$没有给4×2进位。因此$R=1$。

用1取代题目Ⅰ中的R，这个算式成为：

$$\begin{array}{r} 2\ \ 1\ \ 8 \\ \times \qquad 4 \\ \hline 8\ \ 7\ \ 2 \end{array}$$

这里的积872不是把被乘数218的各位数字按相反顺序排列而得到的，因此，根据条件(2)，**题目Ⅰ就是积与被乘数所含数字有所不同的那道题目。**

题目Ⅱ和题目Ⅲ可以补齐如下：

对于题目Ⅱ，

$$\begin{array}{r} 2\ 1\ S\ 8 \\ \times\quad\quad 4 \\ \hline 8\ S\ 1\ 2 \end{array}，S\text{一定是}7：\begin{array}{r} 2\ 1\ 7\ 8 \\ \times\quad\quad 4 \\ \hline 8\ 7\ 1\ 2 \end{array}。$$

对于题目Ⅲ，

$$\begin{array}{r} 2\ 1\ S\ T\ 8 \\ \times\quad\quad\quad 4 \\ \hline 8\ T\ S\ 1\ 2 \end{array}，T\text{一定是}7：\begin{array}{r} 2\ 1\ S\ 7\ 8 \\ \times\quad\quad\quad 4 \\ \hline 8\ 7\ S\ 1\ 2 \end{array}。$$

$$\text{于是}S\text{一定是}9：\begin{array}{r} 2\ 1\ 9\ 7\ 8 \\ \times\quad\quad\quad 4 \\ \hline 8\ 7\ 9\ 1\ 2 \end{array}。$$

★答案 74

把这四人手中的牌汇总起来，每种花色都是四张牌，再根据(6)，得知在每一圈牌中都只出了一张王牌。因此，根据(2)至(5),在某一圈,有一人首先出了一张王牌(因为在这四圈中,四种花色各首先出了一次),而这时其他三人都拿不出王牌。由于每一圈的获胜者都是凭的王牌,所以首先出王牌的那人必定有两张王牌:他必定是在最后一圈中首先出了一张王牌,为此,他用一张王牌胜了倒数第二圈。(如果他在倒数第二圈之前就胜过一圈,那么他就还取得过一次首先出牌权从而有了两次首先出牌权,这与(2)至(5)所说的四人各首先出了一次相矛盾。)因此,有一人手中有两张王牌,另外两个人各有一张王牌,还有一个人没有王牌。根据四个人手中牌的花色分布,王牌花色不是红心就是方块。

如果方块是王牌,则阿特拿着的是Ⅲ(根据(2),阿特首先出了方块);如果红心是王牌,则鲍勃拿的是Ⅱ(根据(3)鲍勃首先出了红心)。根据(2),阿特不能拿着Ⅳ。根据(3),鲍勃不能拿着Ⅰ。根据(5),丹不能拿着Ⅱ或Ⅲ。

于是,对于王牌花色的两种可能,各人手中持牌的情况各有三种可能:

	方块是王牌			红心是王牌		
	(a)	(b)	(c)	(d)	(e)	(f)
Ⅰ	丹	卡布	丹	丹	卡布	阿特
Ⅱ	鲍勃	鲍勃	卡布	鲍勃	鲍勃	鲍勃

Ⅲ	阿特	阿特	阿特	阿特	阿特	卡布
Ⅳ	卡布	丹	鲍勃	卡布	丹	丹

数一数各人手中王牌的数目,等于数一数各人所胜的圈数。对于上述六种可能,有以下情况:

(a)阿特胜2圈,鲍勃胜1圈,卡布胜0圈,丹胜1圈;

(b)阿特胜2圈,鲍勃胜1圈,卡布胜1圈,丹胜0圈;

(c)阿特胜2圈,鲍勃胜0圈,卡布胜1圈,丹胜1圈;

(d)阿特胜1圈,鲍勃胜2圈,卡布胜1圈,丹胜0圈;

(e)阿特胜1圈,鲍勃胜2圈,卡布胜0圈,丹胜1圈;

(f)阿特胜0圈,鲍勃胜2圈,卡布胜1圈,丹胜1圈。

根据(7),可排除(b)、(c)、(e)和(f)。注意(a)和(d)表明的是同样的持牌情况:

阿特手中的牌Ⅲ:梅花、红心、方块、方块;

鲍勃手中的牌Ⅱ:梅花、方块、红心、红心;

卡布手中的牌Ⅲ:梅花、红心、黑桃、黑桃;

丹手中的牌Ⅳ:梅花、方块、黑桃、黑桃。

这就是各人手中所持牌的真实情况。

如果方块是王牌,那么由于卡布手中没有王牌从而一圈也没有胜,所以必须是卡布在第十圈首先出牌。但是根据(4),卡布首先出的是梅花,而这时候每人手中都有梅花,在先手牌花色为梅花的情况下，没有人能出王牌。因此，在第十圈不是卡布先出牌，从而方块不是王牌。

如果红心是王牌（实际上它必定是王牌），则根据同样的推理，必定是丹在第十圈首先出牌。而鲍勃有两张红心，所以他在第十三圈首先出牌。因此，在第十一圈首先出牌的不是阿特就是卡布，这个人胜了第十圈。由于根据（5），丹首先出的是黑桃，而在这个时候卡布不能出王牌（他有两张黑桃），因此，必定是阿特出了王牌。所以，**阿特胜了第十圈**。

最后四圈的整个进展情况如下：

第十圈——丹首先出黑桃，阿特出红心（王牌）获胜，卡布出黑桃，鲍勃出梅花（或方块）。

第十一圈——阿特首先出方块，卡布出红心（王牌）获胜，丹出方块，鲍勃出方块（或梅花）。

第十二圈——卡布首先出梅花，鲍勃出红心（王牌）获胜，丹出梅花，阿特出梅花。

第十三圈——鲍勃首先出红心（王牌）获胜，卡布出黑桃，丹出黑桃，阿特出方块。

★答案 75

第一部分

如果(6)是假供词,则根据(7),毒死多伊尔的就不是克拉克,而且供词(1)至(4)都是真话。在这种情况下,这四人的坐法就是:

奥尔登
布伦特 □ 多伊尔
克拉克

而且,分别根据(2)和(4),布伦特和奥尔登都是无罪的。根据(8),这种情况是不可能的。

因此(6)是真话。供词(1)和(5)不能两者都是真话,于是根据(6)和(7),或者是奥尔登有罪,或者克拉克有罪,而且(3)和(4)都是真话。根据(3)和(4),这四人的坐法必定是下列三者之一:

Ⅰ	Ⅱ	Ⅲ
克拉克 布伦特 □ 奥尔登 多伊尔	克拉克 布伦特 □ 多伊尔 奥尔登	奥尔登 布伦特 □ 多伊尔 克拉克

在第一种坐法中,由于(4)是真话,所以奥尔登无罪。于是根据(6)和(7),奥尔说的是真话。但是对这种坐法,(1)不是真话。因此这种坐法是不可能的。

在第二种坐法中，由于(4)是真话，所以克拉克无罪。于是根据(6)和(7)，克拉克说的是真话。但是对这种坐法，(5)不是真话。因此这种坐法是不可能的。

第三种坐法一定是符合实际情况的坐法，因为它是唯一可能的坐法。由于(4)是真话，奥尔登无罪。这样，**一定是克拉克毒死了多伊尔。**

根据(6)和(7)，奥尔登说的是真话。(1)的说法同这种坐法是一致的，(2)的说法同我们已经确认的布伦特无罪这一事实也是一致的。于是根据(7)，(5)一定是假话。(5)的虚假性也同这种坐法一致。

第二部分

如果(3)是假证词，则这四个男人的坐法就是下列二者之一：

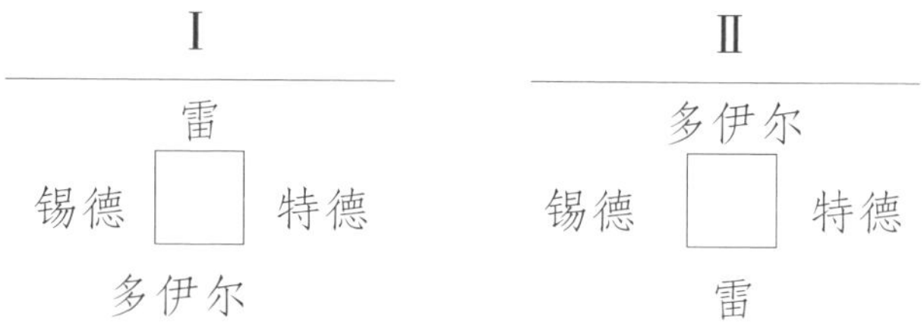

如果(3)是假证词，则根据(7)，(6)就是真话。于是锡德就是凶手。根据(7)，证词(1)、(2)和(5)也是真话。

对第一种坐法，证词(2)成了假话(因为锡德是凶手)。因此这种坐法是不可能的。

对第二种坐法，证词(1)、(2)和(5)都是真话。可是，根据第一部分的供词，凶手是坐在多伊尔的左侧；而在这种坐法中，锡德是坐在多伊尔的右侧。因此这种坐法也是不可能的。

于是，证词(3)是真话。

如果(1)是真话，则(5)也是真话；如果(5)是真话，则(1)也是真话。根据(7)，(1)和(5)不可能都是假话。因此(1)和(5)都是真话。

于是，(1)、(3)和(5)全都是真话。

由于(1)、(3)和(5)全都是真话，四个男人的坐法就只能是下列二者之一：

Ⅲ

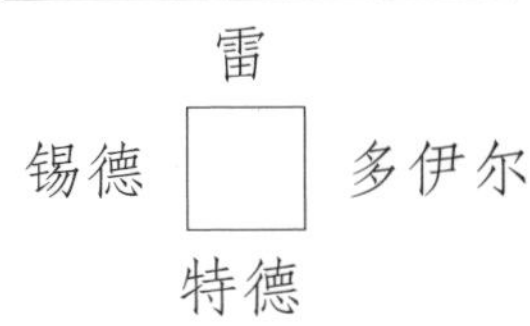

Ⅳ

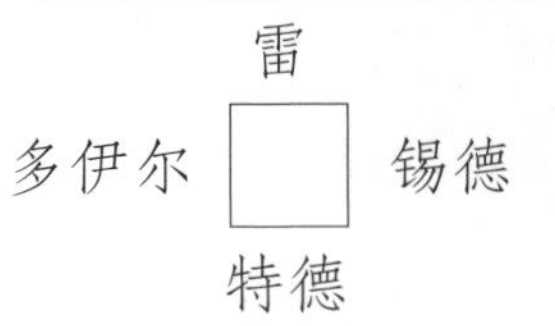

如果(6)是真话，则根据(7)及(5)是真话的事实，凶手不是雷就是锡德。如果(6)是假话，凶手仍然不出雷和锡德这两人。由于凶手坐在多伊尔的左侧，根据第三种坐法和第四种坐法，凶手不是特德就是雷。于是凶手一定是雷。

因此**雷的妻子一定是凶手的妻子。**

随之得知，坐法Ⅳ是符合实际情况的坐法。用这种坐法来检验各条证词，可以发现只有(2)是假话。

让每个人沿同样的方向围着桌子移动两个座位，就可以把第一部分得到的坐法同第二部分得到的坐法对应起来。这样，第一部分得到的坐法

奥尔登

布伦特 □ 多伊尔

克拉克

就对应于第二部分得到的坐法

特德

锡德 □ 多伊尔

雷

★答案 76

$F \times ABCDE = GGGGGG$。

$F \times ABCDE = G \times 111111$。

在从2到9的整数中，只有3和7能整除111111。

$F \times ABCDE = G \times 3 \times 7 \times 5291$。

如果G是F的一个倍数，则$ABCDE$将是一个各位数字全部相同的六位数。因此G不是F的倍数。

于是：

(a)F不会等于0，否则G也将等于0，从而成为F

的倍数。

(b)F不会等于1,否则G就成为F的倍数。

(c)F不会等于2,否则G就会成为2的倍数(因为2要整除$G\times111111$),从而成为F的倍数。

(d)F不会等于4,否则G就会成为4的倍数(因为4要整除$G\times111111$),从而成为F的倍数。

(e)F不会等于8,否则G也将等于8(因为8要整除$G\times111111$),从而成为F的倍数。

(f)F不会等于5,否则G也将等于5(因为5要整除$G\times111111$),从而成为F的倍数。

(g)如果$F=3$,则$ABCDE=G\times7\times5291=G\times37037$。37037中有个0,这说明任何一位数乘以这个数将使积$ABCDE$的各位数字中出现重复。因此F不会等于3。

(h)如果$F=6$,则$ABCDE\times2=G\times7\times5291=G\times37037$。于是$G$一定是2的倍数。令$G/2=M$,则$ABCDE=M\times27037$。根据(g)中的推理,$F$不会等于6。

(i)如果$F=9$,则$ABCDE\times3=G\times7\times5291=G\times37037$。于是$G$一定是3的倍数。令$G/3=M$,则$ABCDE=M\times37037$。根据(g)中的推理,$F$不会等于9。

(j)因此$F=7$。于是,$ABCDE=G\times3\times5291=G\times15873$。由

于题目中那个乘法算式所包含的七个数字各不相同，因此G不会等于1、5或7[①]。由于$ABCDE$只是个五位数，所以G不会等于8或9。既然F不等于0，那G也不等于0。因此G只可能等于2、3、4或6。

相应的四种情况是：

$F=7$，$G=2$，$ABCDE=31746$；

$F=7$，$G=3$，$ABCDE=47619$；

$F=7$，$G=4$，$ABCDE=63492$；

$F=7$，$G=6$，$ABCDE=95238$。

其中只有最后一种可使那个乘法算式中的七个数字各不相同。于是，可得那个乘法算式如下：

$$\begin{array}{r} 9\ 5\ 2\ 3\ 8 \\ \times\qquad\quad 7 \\ \hline 6\ 6\ 6\ 6\ 6\ 6 \end{array}$$

因此G代表的数是6。

★答案 77

$$\begin{array}{c} \overline{K} \\ C \\ \hline C \end{array}$$

$K+C=C$，所以$K=0$。$K=0$意味着A不等于0。

①若$G=1$，则G与A相同；若$G=5$，则G与E相同；若$G=7$，则G与F相同。——译者注

*A*不等于1，否则第二个积将是第一行数字(*A B C D E F G H*)的翻版，造成不同字母代表相同的数字。

K=0意味着*E*不等于0，而这又意味着*B*小于9(因为*E*+*B*没有进位)。

E
B
C

*B*小于9意味着*A*小于3。
*A*不等于0或1而且小于3意味着*A*=2。

A
A
B

A=2和*B*小于9意味着*A*×*B*小于或等于16。

A×*B*小于或等于16意味着它最多只能给*A*×*A*进位1(*A*×*C*不会大于18，它最多只能给*A*×*B*进位2)。

A B C
A
B

因此要么*A*×*A*=*B*，要么*A*×*A*+1=*B*。于是，由于*A*=2，所以*B*=4或5。

A=2意味着*J*×*A*小于或等于18；*B*等于4或5意味着*J*×*B*小于或等于45。因此*E*=1或2。

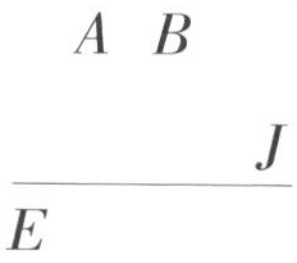

于是，由于*A*=2，所以*E*=1。

E=1和*B*=4或5意味着*C*=5、6或7。

同时，*A*=2还意味着*C*是偶数。

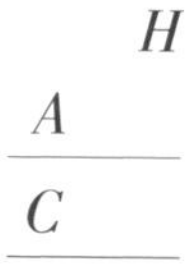

C=5、6或7和*C*是偶数意味着*C*=6。

于是*G*=5。

于是*B*=4。

于是*F*=3。

于是*H*=8。

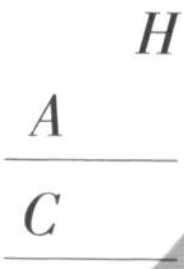

$$\begin{array}{c} H \\ J \\ \hline C \end{array}$$

于是J=7。

于是D=9。

完整的乘法算式如下：

$$\begin{array}{r} 2\ 4\ 6\ 9\ 1\ 3\ 5\ 8 \\ \times\qquad\qquad\quad 2\ 7 \\ \hline 1\ 7\ 2\ 8\ 3\ 9\ 5\ 0\ 6 \\ 4\ 9\ 3\ 8\ 2\ 7\ 1\ 6\ \\ \hline 6\ 6\ 6\ 6\ 6\ 6\ 6\ 6\ 6 \end{array}$$

★答案 78

如果(1)、(3)、(5)、(7)这四句话中有两句是真话，则其中必然还有一句是真话。因此，(1)、(3)、(5)、(7)这四句话中不可能正好有两句是假话。

如果(2)、(4)、(6)、(8)这四句话中有三句假话，那么余下的一句必然也是假话。因此，(2)、(4)、(6)、(8)这四句话不可能正好有三句是假话。

于是，(1)、(3)、(5)、(7)这四句话中(注意其中必定至少有一句假话)，要么只有一句假话，要么恰有三句假话，要么四句全是假话；而(2)、(4)、(6)、(8)这四句话中，要么没有假话，要么只有一句假话，要么恰有两句假话，要么四句全是假话。

根据Ⅰ，一共有六句假话。从上述两组可能的假话数目中各挑一个加起来等于六的情况只有一种：四加二。因此，(1)、(3)、(5)、(7)全是假话，(2)、(4)、(6)、(8)中两真两假。

如果(2)是假话，则艾伦是第一名，这与Ⅱ矛盾。因此(2)是真话。于是，要么(2)和(4)是真话，要么(2)和(6)是真话，要么(2)和(8)是真话。

如果(2)和(4)是真话，那么(6)和(8)就是假话。这样，四个人的名次排列就是：巴特，艾伦，克莱，迪克。但是这个排列与(5)是假话相矛盾。

如果(2)和(8)是真话，那么(4)和(6)就是假话。这样，四个人的名次排列就是：迪克，巴特，克莱，艾伦。但是这个排列与(3)是假话相矛盾。

因此，(2)和(6)一定是真话，这意味着(4)和(8)是假话。这样，四个人的名次排列就是：克莱，巴特，艾伦，迪克。因此，**克莱是第一名**。

★答案 79

根据(3)，设x为兄弟俩所购艺术品的单价(以美分为单位)。再设B为他俩所购艺术品的总件数。于是他俩为购买这些艺术品总共花了Bx美分。

根据(4),$2x$为其他四人所购艺术品的单价。设M为他们所购艺术品的总件数。于是他们为购买这些艺术品总共花了$2Mx$美分。

根据(5),他们六人的总花费可以表示为$Bx+2Mx=100\ 000$,即$(B+2M)x=100\ 000$。

由于100 000只能被2和5的倍数所整除(除了1的倍数外),而且由于根据(1)x不能是分数值,所以$B+2M$必定:或者只含有因数2,或者只含有因数5,或者同时含有因数2和5而不含有其他非1的因数。

六人所购艺术品的总件数为1+2+3+4+5+6=21。兄弟俩所购艺术品的总件数(B)和与之相应的其他四人所购艺术品的总件数(M)的可能值见下页表。表中同时列出了$2M$和$2M+B$的可能值。

(这里应该指出,如果同一个B值可以用一对个人所购艺术品的件数相加而得出——这种情况在表中不予打钩——那么相应的可能解答将不止一个。)

在$2M+B$的九个可能值中,符合上述“或者只含有因数2,或者只含有因数5,或者同时含有因数2和5而不含有其他非1的因数”条件的,只有32。

相应的B值是10，而10只是一对个人所购艺术品件数之和：4和6。

因此，根据（2），**德怀特和法利是兄弟俩。**

B		M	$2M$	$2M+B$
✓1 + 2	=3	18	36	39□
✓1 + 3	=4	17	34	38
1 + 4 2 + 3	=5	16	32	37
1 + 5 2 + 4	=6	15	30	36
1 + 6 2 + 5 3 + 4	=7	14	28	35
2 + 6 3 + 5	=8	13	26	34
3 + 6 4 + 5	=9	12	24	33
✓4+6	=10	11	22	32
✓5+6	=11	10	20	31

用32取代$2M+B$，即可求出所购艺术品的单价：

$$(2M+B)x=100\,000,$$

$$32x=100\,000,$$

$$x=3125,$$

$$2x=6250。$$

答案验算如下：

（4+6=10）	10×3125=	31 250
（1+2+3+5=11）	11×6250=	68 750
		100 000

★答案 80

根据(1)，有三位男士是高个子，另一位不是高个子。接着，根据(4)，比尔和卡尔都是高个子。再根据(5)，戴夫不是高个子。

根据(2)，戴夫至少符合一个条件；既然他不是高个子，那他一定是黑皮肤。(只有玛丽心目中那位唯一的白马王子才是相貌英俊，但他又必须是高个子。)

根据(1)，只有两位男士是黑皮肤。于是根据(3)，亚历克和比尔要么都是黑皮肤，要么都不是黑皮肤。由于戴夫是黑皮肤，所以亚历克和比尔都不是黑皮肤，否则就有三位男士都是黑皮肤了。根据(1)以及戴夫是黑皮肤的事实，卡尔一定是黑皮肤。

由于戴夫不是高个子，亚历克和比尔都不是黑皮肤，而卡尔既是高个子又是黑皮肤，**所以卡尔是唯一能够符合玛丽的全部条件的人**(因而他一定相貌英俊)。

总而言之：亚历克是高个子。

比尔是高个子。

卡尔是高个子，黑皮肤，相貌英俊。

戴夫是黑皮肤。

★答案 81

根据(1)、(5)和(8)，超市在星期一、星期二、星期五和星期六必定开门营业。

根据(2)、(5)和(7)，百货商店不会在星期六和星期一都关门休息。

根据(3)、(5)和(6)，银行也不会在星期六和星期一都关门休息。

根据(9)以及上述推理，下列两种情况中必有一种情况发生：

(A)星期六只有银行关门休息，星期一只有百货商店关门休息；

(B)星期六只有百货商店关门休息，星期一只有银行关门休息。

如果是情况(A)，则根据(2)、(5)和(7)，可以确定出百货商店每星期的营业日程表如下(C代表关门休息，O代表开门营业)：

星期	日	一	二	三	四	五	六
银行	C	O					C
百货商店	C	C	O	O	C	O	O
超市	C	O	O			O	O

但是这种情况是不可能的,因为它与(4)矛盾。

因此应该是情况(B)。再次运用(2)、(5)和(7),可得下表:

星期	日	一	二	三	四	五	六
银行	C	C					O
百货商店	C	O	O	C	O	O	C
超市	C	O	O			O	O

根据(3)和(6),可把上表补充为:

星期	日	一	二	三	四	五	六
银行	C	C	O	C	O	C	O
百货商店	C	O	O	C	O	O	C
超市	C	O	O			O	O

根据上表,**必定是星期二这三家单位全都开门营业。**

我们来完成此表。根据(1)和每星期只有一天这三家单位都开门营业的事实,超市必定星期三开门营业,星期四关门休息。

★答案 82

根据(1),在酒吧的那名医生要么是亚历克斯,要么是贝尔,要么是迪安。根据(3)和(4),在酒吧的医生和律师是一家的同胞手足,而凶手和被害者是另一家的同胞手足。在一家中选一名医生和一名律师(有四种可能的组合),在另一家中选一名凶手和一名被害者(要运用(4)),余下的两人就是在电影院的了。

如果在酒吧的是贝尔和卡斯(组合Ⅰ),则根据(4),在海滩的是迪安和厄尔,于是在电影院的是亚历克斯和费伊。但这样就不能满足(6a),因为无论是亚历克斯还是费伊,都不可能与贝尔或卡斯有过夫妻关系(亚历克斯是贝尔和卡斯的哥哥,费伊与贝尔和卡斯都是女性)。因此在酒吧的不是贝尔和卡斯[①]。

反之,如果在酒吧的是迪安和厄尔(组合Ⅱ),则根据(4),在海滩的是贝尔和卡斯,在电影院的仍然是亚历克斯和费伊。但这样就不能满足(6a),因为无论是亚历克斯还是费伊,都不可能与迪安或厄尔有过夫妻关系(费伊是迪安和厄尔的妹妹,亚历克斯与迪安和厄尔都是男性)。因此在酒吧的不是迪安和厄尔。

---

①其实,根据(2),就可以把组合Ⅰ排除。同样根据(2),可以把下面的组合Ⅱ排除。——译者注

根据上述推理，在酒吧的要么是亚历克斯和卡斯(组合Ⅲ)，要么是迪安和费伊(组合Ⅳ)。如果在酒吧的是亚历克斯和卡斯，则根据(5)，被害者不可能是厄尔；而根据(4)，被害者与凶手性别不同。如果在酒吧的是迪安和费伊，则根据(5)，被害者不可能是贝尔；而根据(4)，被害者与凶手性别不同。

这样，组合Ⅲ和组合Ⅳ可以产生如下六种可能的情况(D代表医生，L代表律师)：

	(a)	(b)	(c)	(d)	(e)	(f)
在酒吧的医生	亚历克斯(D)	亚历克斯(D)	亚历克斯(D)	迪安(D)	迪安(D)	迪安(D)
在酒吧的律师	卡斯(L)	卡斯(L)	卡斯(L)	费伊(L)	费伊(L)	费伊(L)
被害者	迪安(D)	费伊(L)	费伊(L)	亚历克斯(D)	卡斯(L)	亚历克斯(D)
凶手	费伊(L)	迪安(D)	厄尔(L)	卡斯(L)	亚历克斯(D)	贝尔(D)
在电影院的人	贝尔(D) 厄尔(L)	贝尔(D) 厄尔(L)	贝尔(D) 迪安(D)	贝尔(D) 厄尔(L)	贝尔(D) 厄尔(L)	卡斯(L) 厄尔(L)

其中，(a)、(b)、(d)、(e)与(2)矛盾，因此被排除。

在(c)中，根据(6a)，迪安一定是卡斯的前夫。如果是这样，则贝尔和亚历克斯一定是曾经同住一室的室友，但这与(6b)矛盾(贝尔和亚历克斯性别不同)。因此,(c)也被排除。

现在(f)是余下的唯一可能,因此,**凶手一定是贝尔。**对照(6),卡斯一定是迪安的前妻,而厄尔一定是与迪安曾经同住的室友。

★答案 83

约翰的梦中情人必定在(1)至(4)的每条陈述中都被提到。把她排除在外,(1)中提到了两位其他的小姐,(2)中提到了一位其他的小姐,(3)中提到了一位其他的小姐。由于总共只有四位小姐,所以除约翰的梦中情人之外,其他三位小姐中至少有一位被不止一次地提到(就像约翰的梦中情人那样,她在四条陈述中都被提到)。由于(1)中提到了两位其他的小姐,所以在(1)至(4)中至少提到了两位其他的小姐。由于总共只有三位其他的小姐,所以在(1)至(4)中至多提到了三位其他的小姐。

暂时假设有四位其他的小姐被提到,两位在(1)中被提到,一位在(2)中被提到,还有一位在(3)中被提到。(由于事实上只有两位或三位其他的小姐被提到,所以我们将看到这些小姐中会有一位或两位与另一个人是同一人。)根据(1)至(4),可以列出下表:

(1)至(4)中都提到	约翰的梦中情人		蓝眼睛	细身材	高个子	黄头发
(1)中提到	(i)其他的小姐		蓝眼睛	细身材		
(1)中提到	(ii)其他的小姐		蓝眼睛	细身材		
(2)中提到	(iii)其他的小姐				高个子	黄头发
(3)中提到	(iv)其他的小姐			细身材	高个子	

根据(7),有两位小姐身材不同。因此,并非所有的小姐都是细身材;于是(iii)不是细身材。既然已知(i)和(ii)是不同的两位小姐(她们在同一条陈述中被提到),既然(iii)与众不同(只有她不是细身材),那么(iv)必定与(i)或(ii)是同一人(到底是与(i)还是与(ii),这无关紧要)。于是上表变成:

Ⅰ	梦中情人	蓝眼睛	细身材	高个子	黄头发
Ⅱ	(i和iv)	蓝眼睛	细身材	高个子	
Ⅲ	(ii)	蓝眼睛	细身材		
Ⅳ	(iii)		非细身材	高个子	黄头发

根据(4),Ⅱ和Ⅲ不是黄头发,Ⅳ不是蓝眼睛。

根据(3),Ⅲ不是高个子。现在可以得出完整的表:

Ⅰ	梦中情人	蓝眼睛	细身材	高个子	黄头发
Ⅱ	(i和iv)	蓝眼睛	细身材	高个子	非黄头发
Ⅲ	(ii)	蓝眼睛	细身材	非高个子	非黄头发

Ⅳ	(iii)	非蓝眼睛	非细身材	高个子	黄头发

根据(6),有以下四种可能:

	(a)	(b)	(c)	(d)
Ⅰ	贝蒂	卡罗尔		
Ⅱ			贝蒂	卡罗尔
Ⅲ			卡罗尔	贝蒂
Ⅳ	卡罗尔	贝蒂		

根据(8),(a)和(b)都是不可能的。接下来,仍然有四种可能:

	(c_1)	(c_2)	(d_1)	(d_2)
Ⅰ	多丽丝	阿黛尔	多丽丝	阿黛尔
Ⅱ	贝蒂	贝蒂	卡罗尔	卡罗尔
Ⅲ	卡罗尔	卡罗尔	贝蒂	贝蒂
Ⅳ	阿黛尔	多丽丝	阿黛尔	多丽丝

根据(7),(c_1)是不可能的。根据(5),(d_1)是不可能的。

现在(c_2)和(d_2)是仅有的可能,于是**阿黛尔是约翰的梦中情人。**

★答案 84

如果伯尼斯爱絮叨不休,那么根据(3)和(5),这三位女士全爱絮叨不休。如果克劳迪娅爱絮叨不休，那么根据(5)，安妮特也爱絮叨不休。安妮特也可能是这三位女士中唯一爱絮叨不休的。因此，根据(7)，具有爱絮叨不休这一缺点的女士的可能组合是下列三种：

伯尼斯、克劳迪娅和安妮特　克劳迪娅和安妮特　安妮特

根据(1)和(4)，要么安妮特和伯尼斯都会搬弄是非，要么她们都不会搬弄是非。克劳迪娅可能会搬弄是非，也可能不会搬弄是非。因此，根据(7)，具有会搬弄是非这一缺点的女士的可能组合是下列三种：

伯尼斯、克劳迪娅和安妮特　安妮特和伯尼斯　克劳迪娅

如果安妮特常固执己见，那么根据(2)，克劳迪娅也常固执己见。如果伯尼斯常固执己见，那么根据(6)，克劳迪娅就从不固执己见。因此，安妮特和伯尼斯不会两人都常固执己见。克劳迪娅可能是唯一常固执己见的，伯尼斯也可能是唯一常固执己见的。因此，根据(7)，具有常固执己见这一缺点的女士的可能组合是下列三种：

安妮特和克劳迪娅　　克劳迪娅　　伯尼斯

如果(8)中所指的那两位缺点相同的女士只有一个共同的缺点，则不但(9)不可能被满足，而且(7)也不可能被

满足[1]。

如果(8)中所指的两位女士具有两个或三个共同的缺点，那么她们不可能是伯尼斯和克劳迪娅，否则安妮特的缺点将不止一个，这与(9)矛盾。她们也不可能是安妮特和伯尼斯，否则克劳迪娅的缺点将不止一个，这与(9)矛盾。因此，那两位女士必定是安妮特和克劳迪娅，而**伯尼斯就是赫克托先生要娶的女士**。

各种缺点的唯一可能的分布是：

爱絮叨不休	克劳迪娅和安妮特
会搬弄是非	伯尼斯、克劳迪娅和安妮特
常固执己见	安妮特和克劳迪娅

★答案 85

根据Ⅱ，从这八条虚假供词的反面可得出以下八条真实的情况：

(1)这四人中的一人杀害了精神病医生。

(2)埃弗里离开精神病医生寓所的时候，精神病医生已经死了。

①这是因为：在这种情况下，如果要满足(7)，则另两个缺点必须为另一位女士所唯一具有，但是上述各个可能组合说明，任何一位女士都不可能唯一具有两个缺点。——译者注

(3)布莱克不是第二个去精神病医生寓所的。

(4)布莱克到达精神病医生寓所的时候，精神病医生仍然活着。

(5)克朗不是第三个到达精神病医生寓所的。

(6)克朗离开精神病医生寓所的时候，精神病医生已经死了。

(7)凶手是在戴维斯之后去精神病医生寓所的。

(8)戴维斯到达精神病医生寓所的时候，精神病医生仍然活着。

根据这里的真实情况(1)、(4)、(8)、(2)和(6)，布莱克和戴维斯是在埃弗里和克朗之前去精神病医生寓所的。根据真实情况(3)，戴维斯必定是第二个去的；从而布莱克是第一个去的。根据真实情况(5)，埃弗里必定是第三个去的；从而克朗是第四个去的。

精神病医生在第二个去他那儿的戴维斯到达的时候还活着，但在第三个去他那儿的埃弗里离开的时候已经死了。因此，根据真实情况(1)，杀害精神病医生的是埃弗里或者戴维斯。

根据真实情况(7)，**埃弗里是凶手。**

★答案 86

如果星期日是所说的连续六天中的第一天，那么根据(1)、(2)和(4)，超市只能在星期日、星期一和星期三关门休息。但根据(3)，这是不可能的。

如果星期一是所说的连续六天中的第一天，那么根据(2)和(4)，每天至少有一家单位关门休息。由于每星期有一天三家单位全都开门营业，所以这是不可能的。

如果星期二是所说的连续六天中的第一天，那么根据(1)、(2)和(4)，百货商店只能在星期二、星期六和星期日关门休息。但根据(3)，这是不可能的。

如果星期三是所说的连续六天中的第一天，那么根据(1)、(2)和(4)，银行只能在星期日、星期一和星期五关门休息，而超市只能在星期日、星期四和星期六关门休息。但根据(3)，这是不可能的。

如果星期四是所说的连续六天中的第一天，那么根据(1)、(2)和(4)，银行只能在星期二、星期六和星期日关门休息。但根据(3)，这是不可能的。

如果星期五是所说的连续六天中的第一天，那么根据(1)、(2)和(4)，超市只能在星期一、星期六和星期日关门休息。但根据(3)，这是不可能的。

因此星期六是所说的连续六天中的第一天。根据(1)、(2)和(4),可以得出(C代表关门休息,O代表开门营业):

星期	日	一	二	三	四	五	六
银行	C	C	O	O	C	O	O
百货商店	C	O	O	C	O	O	C
超市	C	O	C				

根据上表,**必定是星期五这三家单位全都开门营业。**

我们来完成此表。根据(1)和(3),超市不能在星期三或星期六关门休息;因此超市一定是在星期四关门休息。

★答案 87

梅花不会是王牌,否则,根据(1)和(4),阿尔玛在最后三圈中将不止一次地拥有首先出牌权,而这与(3)矛盾。

红心不会是王牌,否则,根据(2)和(4),女主人在最后三圈中将不止一次地获胜,而这与(5)矛盾。

根据(1),没有人跟着阿尔玛出梅花,这表明其他人都没有梅花;可是根据(4),每一圈中都有梅花出现,从而打最后三圈时阿尔玛手中必定是三张梅花。由于最后三圈都是凭王牌获胜,而且梅花不是王牌,所以阿尔玛没有一圈获胜。根据(5),其他三人各胜一圈,所以其他三人各有一张王牌。

黑桃不会是王牌，否则，没有一个人能有三张红牌[①]，而这与(6)矛盾。

因此方块是王牌。

于是根据(1)，贝丝在第十一圈获胜，并且取得了第十二圈的首先出牌权。

根据(2)，女主人在第十二圈获胜(用王牌方块)，并且接着在第十三圈首先出了红心。因此，根据(4)，红心不是第十二圈的先手牌花色[②]。

方块不能是第十二圈的先手牌花色，否则贝丝将不止一次地获胜，而这与(5)矛盾(贝丝已经在第十一圈获胜，根据(4)，如果在第十二圈她首先出方块，那她还要在这一圈获胜)。

梅花不能是第十二圈的先手牌花色，因为所有的梅花都在阿尔玛的手中，而根据(3)，在最后三圈中阿尔玛首先出牌只有一次(根据(1)，是在第十一圈)。

---

①如果黑桃是王牌，则由于阿尔玛手中是三张梅花，其他三人手中各有一张王牌黑桃，因此每人手中都有黑牌。——译者注

②女主人在第十三圈首先出了红心，说明第十二圈时她手中有红心。因此，如果第十二圈的先手牌花色是红心，那么按规则女主人就必须出红心，而不可能用王牌方块获胜。——译者注

因此,黑桃是第十二圈的先手牌花色。这张牌是贝丝出的。根据以上所知的每位女士所出花色的情况,可以列成下表:

	阿尔玛	贝丝	克利奥	黛娜
第十一圈:	梅花(先出)	方块(获胜)	红心	黑桃
第十二圈:	梅花	黑桃(先出)		
第十三圈:	梅花			

既然贝丝在第十二圈首先出的是黑桃,那么根据(5),在这一圈出方块(王牌)的不是克利奥就是黛娜。根据(2),如果是克利奥出了方块,则她一定是女主人。但是根据(6),女主人的搭档有三张红牌,而除克利奥之外,其他人都不可能是女主人的搭档(阿尔玛手中全是梅花,贝丝在第十二圈首先出了黑桃,黛娜在第十一圈出了黑桃,说明这三人在最后三圈时手中都有黑牌)。因此,在第十二圈贝丝首先出了黑桃之后,克利奥没有出方块(王牌)。

于是,在第十二圈贝丝首先出了黑桃之后,一定是黛娜出了方块(王牌)。从而根据(2),**女主人一定是黛娜。**

分析可以继续进行下去。根据(2),黛娜在第十三圈首先出了红心。于是上表可补充成为:

	阿尔玛	贝丝	克利奥	黛娜
第十一圈：	梅花（先出）	方块（获胜）	红心	黑桃
第十二圈：	梅花	黑桃（先出）		方块（获胜）
第十三圈：	梅花			红心（先出）

于是根据（4），克利奥在第十二圈出了红心。根据（5），克利奥在第十三圈出了方块（王牌）。再根据（4），贝丝在第十三圈出了黑桃。完整的情况如下表：

	阿尔玛	贝丝	克利奥	黛娜
第十一圈：	梅花（先出）	方块（获胜）	红心	黑桃
第十二圈：	梅花	黑桃（先出）	红心	方块（获胜）
第十三圈：	梅花	黑桃	方块（获胜）	红心（先出）

★答案 88

根据（7），在最后四圈中，四种花色各充当了一次先手牌花色。

在梅花为先手牌花色的那一圈（简称梅花圈）：根据（2），每位女士都出了一张梅花。

在方块为先手牌花色的那一圈（简称方块圈）：根据（4），那是第十圈。由于先手牌花色是方块，因此出了三张方块。黛布必定是唯一没有跟出同花色的一方，而且她必定是出了一张黑桃(根据(2),她在梅花圈中出了梅花)。

在黑桃为先手牌花色的那一圈(简称黑桃圈):根据(1),只出了两张黑桃,因此比必定出了一张红心(根据(2),她在梅花圈中出了梅花;根据(4),她在方块圈中必定出了方块);茜德不是出了一张红心就是出了一张方块(根据(2),她在梅花圈中出了梅花)。

在红心为先手牌花色的那一圈(简称红心圈):埃达和比必定各出了一张红心(根据前面的推理结果,在这个时候她们两人都能够出一张红心),黛布必定出了一张黑桃(根据(2),她在梅花圈中出了梅花),茜德不是出了一张红心就是出了一张方块(根据(2),她在梅花圈中出了梅花)。

根据前面的推理结果并根据(3),在红心圈中只出了两张红心[1]。因此茜德在这一圈中出的是一张方块;于是她在黑桃圈中必定是出了一张红心。

上述关于各位女士在每一圈所出花色的推理结果,可总结成下表:

---

①如果在这一圈中出了三张红心,那么它们一定是埃达、比和茜德出的。这样,比和茜德都在三圈中出了先手牌花色。而根据(1),埃达在最后四圈中都出了先手牌花色,黛布只在一圈中出了先手牌花色。这就与(3)发生了矛盾。——译者注

	埃达	比	茜德	黛布
梅花圈	梅花	梅花	梅花	梅花
方块圈	方块	方块	方块	黑桃
红心圈	红心	红心	方块	黑桃
黑桃圈	黑桃	红心	红心	黑桃

根据(4),在最后四圈中,第一出现的先手牌花色是方块。第二和第三出现的先手牌花色不会是梅花和红心,因为如果是这样的话,那么当黑桃作为先手牌花色第四个出现的时候,茜德就不可能再出红心(她必须在前面的红心圈中出掉她手中唯一的一张红心)。根据同样的理由,第二出现的先手牌花色也不会是红心。

另外,或者是梅花圈紧随着黑桃圈,或者是黑桃圈紧随着梅花圈(根据(1),黛布只有这两种花色;根据(5),黛布必定在这两圈的一圈中首先出牌;根据(8),黛布必定在这两圈的另一圈中获胜)。

因此,先手牌花色的出现顺序是下列二者之一:

Ⅰ	Ⅱ
方块	方块
黑桃	梅花
梅花	黑桃
红心	红心

根据(5)和(6),首先出方块的那位女士只能在红心圈中获胜。在红心圈中只有埃达和比出了红心,因此根据(8),首先出方块的不是埃达就是比。于是埃达和比两人中有一人首先出了方块,另一人首先出了红心。

根据(1)和(5),必定是黛布首先出了黑桃(埃达和比出的先手牌已如前述,而茜德手中没有黑桃)。

因此,**在梅花圈中首先出梅花的是茜德。**

分析可以继续进行下去。由于黑桃圈只能是埃达获胜(根据(1)、(5)和(8),以及黛布首先出黑桃这个事实),所以梅花圈不能紧随在黑桃圈之后(因为在梅花圈中是茜德首先出牌,而她又不能在黑桃圈中获胜)。因此顺序Ⅱ必定是正确的。于是,红心圈紧随着黑桃圈,在红心圈中是埃达首先出牌。从而,在方块圈中是比首先出牌。

最后四圈的情况如下:

	埃达	比	茜德	黛布
方块圈	跟出同花色	首先出牌	获胜	出一张黑桃
梅花圈	跟出同花色	跟出同花色	首先出牌	获胜
黑桃圈	获胜	出一张红心	出一张红心	首先出牌
红心圈	首先出牌	获胜	出一张方块	出一张黑桃

★答案 89

设P=黛安娜所带的1美分硬币的枚数；

N=黛安娜所带的5美分硬币的枚数；

Q=黛安娜所带的25美分硬币的枚数；

T=黛安娜为买糖果所花的总钱款(以美分为单位)；

a=为奥尔西娅所买的糖果的块数；

b=为布莱思所买的糖果的块数；

c=为卡丽所买的糖果的块数；

d=母亲所买的纪念品的单价(以美分为单位)；

F=母亲所买的纪念品的件数。

以上各数都是正整数。

根据(1)：(1a)$P+N+Q=13$，

(1b)$P+5N+25Q=T$。

根据(2)：(2)$2a+3b+6c=T$。

根据(3)：(3)a、b、c各不相同而且都大于1。

根据(4)：(4)或者 $2a=3b$，或者$2a=6c$，或者$3b=6c$。

根据(5)：(5)$F\times d=480$。

根据(6)：(6)$a+b+c=F$。

根据(7)，问题可以重新表述为：

(7)a、b、c中哪一个最大？

这里一共有六个方程和九个未知数，第四个方程是三个可能的方程中的一个。方程太少，无法仅用代数方法求解，因此除了各数都是正整数这一特点之外，必须再寻找其他特点。

我们知道：两个奇数之和总是偶数；

两个偶数之和总是偶数；

一个奇数与一个偶数之和总是奇数。

而且知道：两个奇数之积总是奇数；

两个偶数之积总是偶数；

一个奇数与一个偶数之积总是偶数。

根据这些规律，在方程(1a)中，或是P、N、Q三者都是奇数，或是这三个数中只有一个是奇数。无论是这两种情况中的哪一种，(1b)中的T总是奇数。于是方程(2)中的b是奇数。这样，在方程(4)中，$2a$不能等于$3b$，因为$2a$是偶数而$3b$是奇数。$3b$也不能等于$6c$，因为$6c$是偶数而$3b$是奇数。因此$2a=6c$。(至此，已经知道c不是最大的数，因为a必定大于c。)两边除以2，得$a=3c$。代入方程(6)，得$b+4c=F$。

由于b是奇数，所以在$b+4c=F$中，F是奇数。在方程(5)中，480是两个数的乘积，其中一个是奇数(F)，另一个是偶数(d)。在这个乘积中，F可能取的奇数值只有1、3、5

或15。F等于1或3是不可能的,因为在$b+4c=F$中,b和c必须是正整数。根据(3)(b和c不能等于1),F也不等于5。因此,F必定等于15。

于是$b+4c=15$,而c不能大于3或者小于1。根据(3),c不能等于1,也不能等于3(否则b也等于3)。所以c必定等于2。从而$b=7$。根据前面得出的$a=3c$,所以$a=6$。因此b是最大的数。这样,根据(7),**布莱思是黛安娜的妹妹。**

其他各值可以求解如下。

因为$F=15$,所以根据(5),$d=32$。由于$a=6$,$b=7$,$c=2$,所以根据(2),$T=45$。从(1b)减去(1a)得出$4N+24Q=32$。两边除以4,得$N+6Q=8$。Q不能大于1(否则N将是负数),也不能小于1(因为根据(1),黛安娜有25美分的硬币),因此$Q=1$。于是$N=2$。于是根据(1a),$P=10$。

★答案 90

各家的老二和老三是男孩还是女孩的可能共有四种(g代表女孩,b代表男孩):

老二	b	b	g	g
老三	b	g	b	g

根据(1)和(2),这些可能可扩展为各家孩子的可能数目:

	Ⅰ	Ⅱ	Ⅲ	Ⅳ
老二	b	b	g	g
老三	b	g	b	g
其他的孩子	b b g g	b b b g g	b b g	b b b g
总数	4b 2g	4b 3g	3b 2g	3b 3g

根据(6)和上述可能,一家有五个孩子,一家有六个孩子,一家有七个孩子。由于只有两家能有老六,所以从(5)得知有五个孩子的是史密斯家。于是史密斯家的男孩数目和女孩数目如Ⅲ所示。

这样,关于布朗家和琼斯家的男孩女孩数目的全部可能情况如下:

	布朗家	琼斯家
(i)	4b3g	4b2g
(ii)	4b3g	3b3g
(iii)	4b2g	4b3g
(iv)	3b3g	4b3g

在(i)中,布朗家任一个孩子的兄弟数目都不可能与琼斯家任一个孩子的姐妹数目相等,从而与(5)矛盾。因此,(i)是不可能的。

在余下的三种可能中考察老二、老三的情况,并根据(3)、(4)和(5)加以扩展。结果(ii)、(iii)、(iv)各又有两种可能:

	(ii)			(iii)			(iv)		
	布朗家	琼斯家	史密斯家	布朗家	琼斯家	史密斯家	布朗家	琼斯家	史密斯家
	4b3g	3b3g	3b2g	4b3g	3b3g	3b2g	4b3g	3b3g	3b2g
老大									
老二	b	g	g	b	b	g	g	b	g
老三	g	g	b	b	g	b	g	g	b
老四		g	g		b	g		b	g
老五	g		b	b		b	g		b
老六	b	b		b	b		b	g	
老七									

老大									
老二	b	g	g	b	b	g	g	b	g

老三	g	g	b	b	g	b	g	g	b
老四		b	b	b	b	g		b	g
老五	g		b			g	g		b
老六	b	b		b	b		g	b	
老七									

第二表中的(iii)和(iv)是不可能的,因为前者史密斯家的女孩数目和后者布朗家的女孩数目各都超过了相应情况下所规定的数目。

第一表中的(ii)是不可能的,因为按照琼斯家和史密斯家在这种情况下所规定的女孩数目,这两家的老大都是男孩,而这与(7)矛盾。

第一表中的(iv)是不可能的,因为按照布朗家和史密斯家在这种情况下所规定的女孩数目,这两家的老大都是男孩,而这与(7)矛盾。

在第二表的(ii)中,布朗家的老七必定是女孩(根据(8))。而根据在这种情况下所规定的布朗家的女孩数目,这家的老大必定是男孩。根据(7)和(8),他们是这三家中唯一的大哥和唯一的幺妹。这两个孩子不能照(9)的说法结成夫妻。因此,第二表的(ii)是不可能的。

至此唯一余下的是第一表中的(iii)。其中布朗家的一列和史密斯家的一列,可以分别根据在这种情况下所规定的布朗家和史密斯家的男孩女孩数目加以补齐。接着根据(7)和(8)以及所规定的琼斯家的男孩女孩数目,将琼斯家的一列补齐。

	布朗家 4b2g	琼斯家 4b3g	史密斯家 3b2g
老大	g	g	b
老二	b	b	g
老三	b	g	b
老四	g	b	g
老五	b	b	b
老六	b	b	—
老七	—	g	—

根据(9),是史密斯家的一个男孩和琼斯家的一个女孩结婚。因此,**布朗家在那一天没有喜事可庆祝。**

★答案 91

根据(3)和(4),超市在星期一、星期二、星期四、星期五和星期六开门营业,在星期日和星期三关门休息。

根据(5),超市在其中所指的连续三天的第三天关门休息,因此这连续三天的第一天不是星期五就是星期一。

根据(6),超市在其中所指的连续三天的第二天关门休息,因此这连续三天的第一天不是星期二就是星期六。

于是,对于(5)和(6)中的两个连续三天,有以下的可能情况:

	(5)中所指的连续三天始于	(6)中所指的连续三天始于
Ⅰ	星期五	星期二
Ⅱ	星期五	星期六
Ⅲ	星期一	星期二
Ⅳ	星期一	星期六

根据(3)、(4)、(5)和(6),得出下列四张营业日程表(C代表关门休息,O代表开门营业):

	星期	日	一	二	三	四	五	六
Ⅰ	银行	C		C	C			C
	百货商店	C			C	C	C	
	超市	C	O	O	C	O	O	O

	星期	日	一	二	三	四	五	六
Ⅱ	银行	C			C			C
	百货商店	C	C		C		C	
	超市	C	O	O	C	O	O	O

	星期	日	一	二	三	四	五	六
Ⅲ	银行	C		C	C			
	百货商店	C	C		C	C		
	超市	C	O	O	C	O	O	O

	星期	日	一	二	三	四	五	六
Ⅳ	银行	C		C	C			C
	百货商店	C	C		C			
	超市	C	O	O	C	O	O	O

其中Ⅰ、Ⅱ和Ⅲ都与(2)矛盾。因此Ⅳ是符合实际情况的营业日程表。

根据(2),百货商店在其余的日子都开门营业,于是根据(1),银行在星期四和星期五关门休息。由于我到达布明汉镇的那一天银行开着门营业,**因此那天一定是星期一**。

★答案 92

沿米德尔镇的全部街道不重复地走一遍的人，必须：(a)经过自己住宅所在的交叉路口的次数是奇数(根据(3))，以便最后能离开自己的住宅；(b)经过他朋友住宅所在的交叉路口的次数是奇数(根据(3))，以便最后能进入他朋友的住宅。因此，这个人的住宅位于奇数条街道的交叉路口，而他朋友的住宅也是位于奇数条街道的交叉路口。

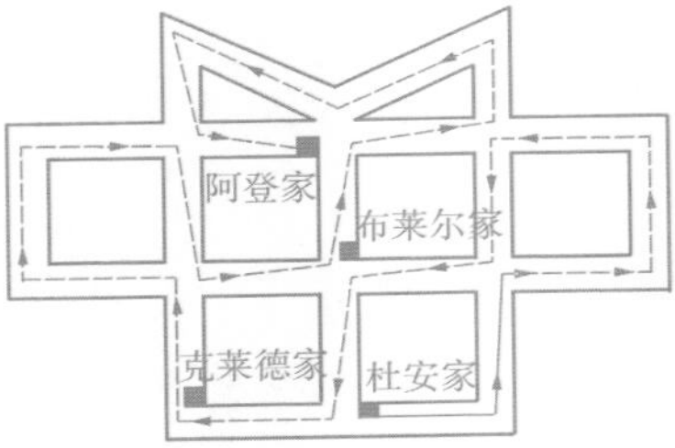

于是根据(1)，或者是阿登拜访了杜安，或者是杜安拜访了阿登。根据(2)，阿登没有去拜访杜安，而是杜安拜访了阿登，**所以杜安必定是沿米德尔镇全部街道不重复地走一遍的人。**

上图是米德尔镇的一幅可能的平面图，其中那条虚线代表杜安可能采取的路线。

★答案 93

根据(6)和(4)，科布上了两节不是迪姆威特教授讲授的课。

根据(6)和(3),伯特上了一节不是迪姆威特教授讲授的课。

根据(6)和(2),阿莫斯只上了迪姆威特教授讲授的课。

如果P代表迪姆威特教授讲授的课,O代表不是迪姆威特教授讲授的课,则根据(1)和(5),可以列出下表(x代表上了这节课):

	阿莫斯	伯特	科布
P			
P			
P			
O		x	x
O			x

根据(6)和(7)——暂时只把(7)应用于迪姆威特教授讲授的课——各人所上课的情况有以下四种可能:

Ⅰ

	阿莫斯	伯特	科布
P	x	x	
P		x	x

Ⅱ

	阿莫斯	伯特	科布
P	x		
P		x	x

P	x		x	x	x	x
O		x	x		x	x
O			x			x

	Ⅲ			Ⅳ		
	阿莫斯	伯特	科布	阿莫斯	伯特	科布
P		x				x
P	x		x	x	x	
P	x	x	x	x	x	x
O		x	x		x	x
O			x			x

接下来，把(7)应用于全部五节课，Ⅰ、Ⅱ、Ⅳ这三种可能被排除。

根据Ⅲ和(8)，两名与偷答案无关的学生一定是阿莫斯和科布（迪姆威特教授讲授的三节课中只有一节是这三名学生中的两名去上）。

因此，**是伯特偷了测验答案。**

★答案 94

根据(2)，把这四个人的从一堆筹码中所取筹码的枚数组合起来一共有十六种可能，列于下页表左侧。

	阿贝	本	卡尔	唐	2枚筹码	4枚筹码	6枚筹码	8枚筹码	10枚筹码
1.	1	1	1	1	本	唐	–	–	–
2.	2	1	1	1	阿贝	卡尔	–	–	–
3.	1	2	1	1	卡尔	卡尔	阿贝	–	–
4.	1	1	2	1	本	卡尔	–	–	–
5.	1	1	1	2	本	阿贝	–	–	–
6.	2	2	1	1	阿贝	本	–	–	–
7.	2	1	2	1	阿贝	唐	–	–	–
8.	2	1	1	2	阿贝	卡尔	–	–	–
9.	1	2	2	1	唐	唐	–	–	–
10.	1	2	1	2	卡尔	卡尔	唐	唐	唐
11.	1	1	2	2	本	卡尔	唐	–	–
12.	1	2	2	2	阿贝	阿贝	–	–	–
13.	2	1	2	2	阿贝	本	阿贝	阿贝	本
14.	2	2	1	2	阿贝	本	–	–	–
15.	2	2	2	1	阿贝	本	–	–	–
16.	2	2	2	2	阿贝	本	–	–	–

根据(1),设先是2枚筹码一堆,然后4枚筹码一堆,再后6枚筹码,8枚筹码,10枚筹码。运用(3)和(4),记下每一种组合在各种枚数下的赢家。如果出现了不同的赢家,

就不必再记下去。赢家记在相应组合的右侧。

注意其中第九种组合:1,2,2,1。只有这种组合在每一盘游戏中都导致了同一个赢家——唐。不但如此,对于其他的偶数枚筹码的情况,在这种组合下,**唐也总是赢家。**

★答案 95

根据(3),最年轻的家庭成员不是被害者;根据(4),也不是同谋;根据(6),也不是凶手。于是,根据(4),只有以下三种可能(A代表同谋,V代表被害者,K代表凶手,W代表目击者):

	Ⅰ	Ⅱ	Ⅲ
最年长的家庭成员	A	A	K
次年长的家庭成员	V	K	A
次年轻的家庭成员	K	V	V
最年轻的家庭成员	W	W	W

根据(5),父亲是最年长者;从而母亲是次年长者。根据(2)和上述的这些可能,最年轻的家庭成员是女儿;从而次年轻的家庭成员是儿子。于是,从最年长的家庭成员到最年轻的家庭成员,上述三种可能就是:

	Ⅰ	Ⅱ	Ⅲ
父亲	A	A	K
母亲	V	K	A
儿子	K	V	V
女儿	W	W	W

根据(3),Ⅰ不可能成立。根据(1),Ⅲ不可能成立。因此,只有Ⅱ是可能的,也就是说,**凶手是母亲。**

★答案 96

根据(1)和(2),在下列判断中有一条且只有一条是对的:

(a)3号牌和6号牌是Q;

(b)只有3号牌是Q;

(c)只有6号牌是Q;

(d)只有4号牌是Q。

如果3号牌和6号牌都是Q,则有下列两种可能(X代表未知的牌):

		X					X			
K	Q	K			K	Q	K			
	K	Q	K			X	Q	X		
		X					K			

但这两种可能都不符合(3),因此判断(a)是不对的。

如果只有3号牌是Q,则6号牌就不可能是K,这是因为根据(3),一定有一张K在两张J之间,而(4)在这里又不允许这种情况发生。根据前面的推理,6号牌不能是Q。根据(3)和(6),6号牌又不能是A。因此6号牌只能是J。但这样(3)和(7)不能同时得到满足。因此判断(b)也是不对的。

如果只有6号牌是Q,则有下列两种可能:

```
        X                    X
X   X   X            X   X   K
    K   Q   K            X   Q   X
        X                    K
```

在第一种可能中,(3)和(4)不能同时得到满足;在第二种可能中,(3)得不到满足。因此,判断(c)也是不对的。

于是,只有判断(d)是正确的:只有4号牌是Q。

接下来,根据(2),1号牌和6号牌是K。根据(3),5号牌和7号牌是J。

因此,必定是下面这种情况:

```
        K
X   X   Q
    J   K   J
        X
```

如果为了满足(7),设2号牌和3号牌都是K,则根据(5),8号牌就是A。但(6)不允许这种情况发生。因此8号牌是(7)所要求的与一张K相邻的K。

如果2号牌是一张A,则3号牌不能是Q(根据(2)),不能是K(根据(6)),不能是J(根据(4)),也不能是A(根据(5))。因此根据(8),2号牌不能是A。根据(5),3号牌一定是那张唯一的A。

根据(2)、(5)和(6),2号牌一定是J。

所有的纸牌情况如下:

		K	
J	A	Q	
	J	K	J
		K	

★答案 97

根据(1),总共比赛了六场。

根据(2)以及比赛了六场的事实,一个队赢了三场,一个队赢了两场,一个队赢了一场,一个队一场都没赢(因此没有平局)。塞克斯顿城队和特里布尔城队都不可能赢三场,因为它们都有一场比赛只得了1分。塞克斯顿城队没有三场全输，因为有一场比赛它得了季后赛中的最高分(7)分。因此，下列四种情况必有一种发生：

Ⅰ. 凡尔迪尤城队赢了三场，特里布尔城队一场都没赢。

Ⅱ. 凡尔迪尤城队赢了三场，阿尔斯特城队一场都没赢。

Ⅲ. 阿尔斯特城队赢了三场，特里布尔城队一场都没赢。

Ⅳ. 阿尔斯特城队赢了三场，凡尔迪尤城队一场都没赢。

除(1)之外，下面的推理还用到了(3)和(4)。

如果发生的是Ⅰ，则特里布尔城队对塞克斯顿城队的比赛结果是6比7，于是特里布尔城队得4分的那场比赛的对手不是凡尔迪尤城队就是阿尔斯特城队。如果是凡尔迪尤城队，则对于特里布尔城队余下的那场比赛来说，(4)就得不到满足。因此特里布尔城队得4分的那场比赛的对手是阿尔斯特城队，而且那场比赛阿尔斯特城队得了6分。于是特里布尔城队对凡尔迪尤城队的比赛结果是1比4，从而凡尔迪尤城队对塞克斯顿城队是2比1，凡尔迪尤城队对阿尔斯特城队是5比3，塞克斯顿城队对阿尔斯特城队是3比2。这样,三轮比赛的结果可表示如下(S代表塞克斯顿城队,T代表特里布尔城队,U代表阿尔斯特城队,V代表凡尔迪尤城队):

S　T	T　U	T　V
7 : 6	4 : 6	1 : 4
V　U	V　S	S　U
5 : 3	2 : 1	3 : 2

这种情况与(5)矛盾,所以Ⅰ被排除。

如果发生的是Ⅱ,则阿尔斯特城队对塞克斯顿城队是6比7。于是,根据(4),要么阿尔斯特城队对凡尔迪尤城队是2比5,要么阿尔斯特城队对特里布尔城队是3比6。如果是前者,则阿尔斯特城队对特里布尔城队是3比4,从而凡尔迪尤城队对塞克斯顿城队是4比3,凡尔迪尤城队对特里布尔城队是2比1。但是这样一来,将导致塞克斯顿城队对特里布尔城队是1比6,而这与(4)矛盾。因此,应该是阿尔斯特城队对特里布尔城队是3比6。从而阿尔斯特城队对凡尔迪尤城队是2比4。接下来,要么凡尔迪尤城队对特里布尔城队是2比1,要么凡尔迪尤城队对塞克斯顿城队是2比1。如果是前者,则凡尔迪尤城队对塞克斯顿城队是5比3。但是这样一来,将导致塞克斯顿城队对特里布尔城队是1比4，而这与(4)矛盾。因此，应该是凡尔迪尤城队对塞克斯顿城队是2比1。从而凡尔迪尤城队对特里布尔城队是5比4，塞克斯顿城队对特里布尔城队是3比1。这样，三轮比赛的结果可表示如下：

U　S	U　T	U　V
6 : 7	3 : 6	2 : 4
V　T	V　S	S　T
5 : 4	2 : 1	3 : 1

这种情况与(5)矛盾，所以Ⅱ被排除。

如果发生的是Ⅲ，则特里布尔城队对塞克斯顿城队是6比7。于是，特里布尔城队仅得1分的那场比赛的对手不是阿尔斯特城队就是凡尔迪尤城队。如果是阿尔斯特城队，则对于特里布尔城队余下的那场比赛来说，(4)就得不到满足。因此，特里布尔城队仅得1分的那场比赛的对手是凡尔迪尤城队，而且那场比赛凡尔迪尤城队得了4分。于是，特里布尔城队对阿尔斯特城队是4比6，阿尔斯特城队对凡尔迪尤城队是3比2，阿尔斯特城队对塞克斯顿城队是2比1，塞克斯顿城队对凡尔迪尤城队是3比5。这样，三轮的比赛结果可表示如下：

T　S	T　V	T　U
6 : 7	1 : 4	4 : 6

U V	U S	S V
3:2	2:1	3:5

这种情况与(5)矛盾,所以Ⅲ被排除。

如果发生的是Ⅳ,则凡尔迪尤城队对塞克斯顿城队是4比7。于是,要么凡尔迪尤城队对特里布尔城队是5比6,要么是凡尔迪尤城队对阿尔斯特城队是5比6。同时,要么阿尔斯特城队对塞克斯顿城队是2比1,要么阿尔斯特城队对特里布尔城队是2比1。因此,共有四种可能。我们进行推理如下(其中(b)中又发生了两种可能):

(a)如果	V S 3:2	V T 5:6	U S 2:1	则	V U 2:3	则	U T 6:4	则	S T 3:1
(b)如果	V S 4:7	V T 5:6	U T 2:1	则	V U 2:3	则	U S 6:3	则	S T 1:4
							或		
							U S 6:2	则	S T 3:4
(c)如果	V S 4:7	V U 5:6	U S 2:1	则	V T 2:4	则	U S 3:1	则	S T 3:6
(d)如果	V S 4:7	V U 5:6	U T 2:1	则	V T 2:4	则	U S 3:1	则	S T 3:6

根据(4),(b)、(c)和(d)被排除。这样,三轮的比赛结果可表示如下:

(a)	V S	V U	V T
	4 : 7	2 : 3	5 : 6
	U T	S T	U S
	6 : 4	3 : 1	2 : 1

这是唯一余下的并且能够满足(5)的情况。

根据(5)和(6), $\left.\begin{matrix} V & & T \\ 5 & : & 6 \\ U & & S \\ 2 & : & 1 \end{matrix}\right\}$ 是最后一轮。

根据(6),可以把各支棒球队与它们的基地所在城市对应起来:

野猫队:凡尔迪尤城　　美洲狮队:特里布尔城

红猫队:塞克斯顿城　　家猫队: 阿尔斯特城

由于Ⅳ是实际发生的情况,所以阿尔斯特城队赢了季后赛中所有的比赛。由于阿尔斯特城队就是家猫队,所以**夺得锦标的是家猫队**。

★答案 98

根据(1),每个男士坐在两个女士之间,每个女士坐在两个男士之间。再根据(4),凯恩的妻子是法菲、赫拉或琼三人之一。

(a)埃布尔和贝布是夫妻。假设凯恩和法菲是夫妻，则根据(1)和(4)，伊凡和迪多必定是夫妻。于是吉恩和琼必定是夫妻，从而埃兹拉和赫拉必定是夫妻。

(b)埃布尔和贝布是夫妻。假设凯恩和赫拉是夫妻，则根据(1)和(4)，埃兹拉和琼必定是夫妻。于是吉恩和迪多必定是夫妻，从而伊凡和法菲必定是夫妻。

(c)埃布尔和贝布是夫妻。假设凯恩和琼是夫妻，则根据(1)和(4)，埃兹拉和赫拉必定是夫妻。于是吉恩和迪多必定是夫妻，从而伊凡和法菲必定是夫妻。

因此，夫妻关系有如下的三种可能：

(a)埃布尔–贝布，凯恩–法菲，伊凡–迪多，吉恩–琼，埃兹拉–赫拉；

(b)埃布尔–贝布，凯恩–赫拉，埃兹拉–琼，吉恩–迪多，伊凡–法菲；

(c)埃布尔–贝布，凯恩–琼，埃兹拉–赫拉，吉恩–迪多，伊凡–法菲。

根据(1)和(6)，男士和女士在桌子周围的坐法是下列三种之一（把(4)和(6)结合起来，就可以看出，所谓“相邻”，是指“沿着桌子的周边坐在一个人的左侧或右侧”）：

Ⅰ

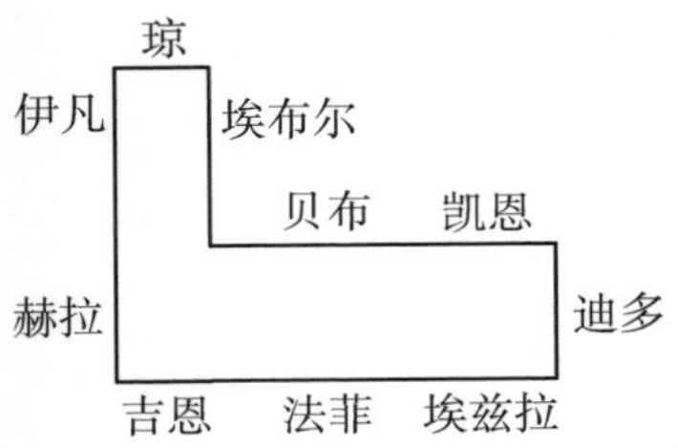

Ⅱ

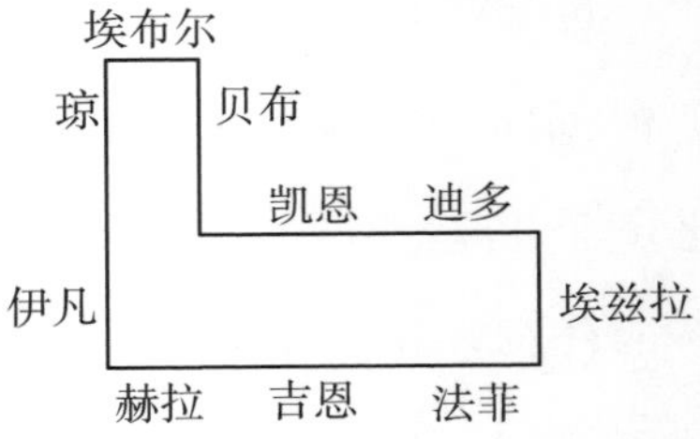

Ⅲ

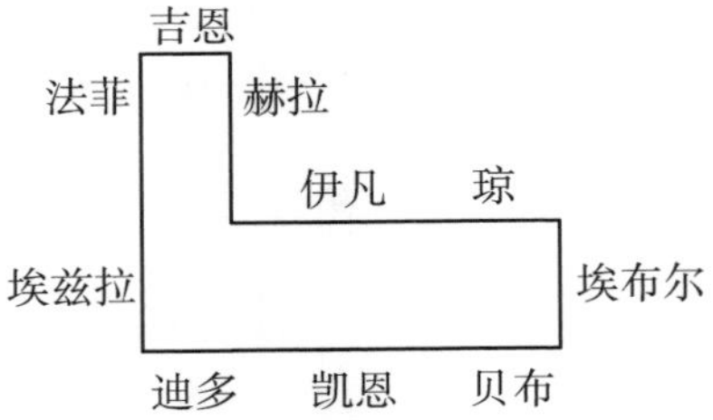

根据(2)和(8),在每种可能的坐法中,男主人和女主人以及坐在他们对面的两个人,都被排除在凶手和被害者之外。根据(3)和(8),他们也被排除在凶手的配偶和被害者的配偶之外。

在每种可能的坐法中,只有一个男士和一个女士相对而坐。因此,根据(2)和(3),凶手和被害者的性别相同,当然他们配偶的性别也相同。因此,在每种可能的坐法中,相对而坐的男士和女士,都被排除在凶手和被害者之外,也被排除在凶手的配偶和被害者的配偶之外。

于是，凶手及其配偶和被害者及其配偶四人的位置一定被包括在下列三组位置的一组之中：

Ⅰ

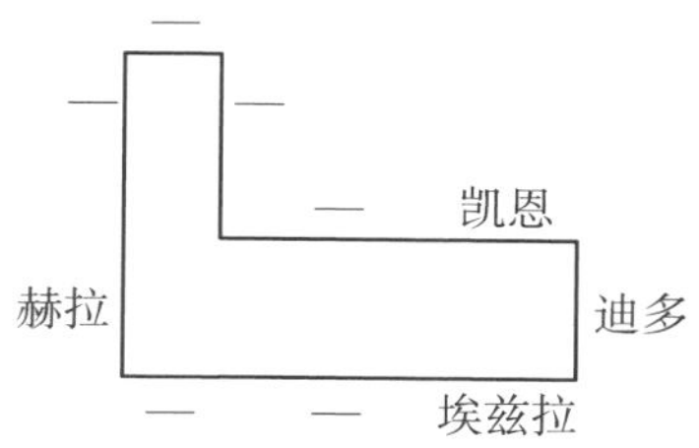

Ⅱ

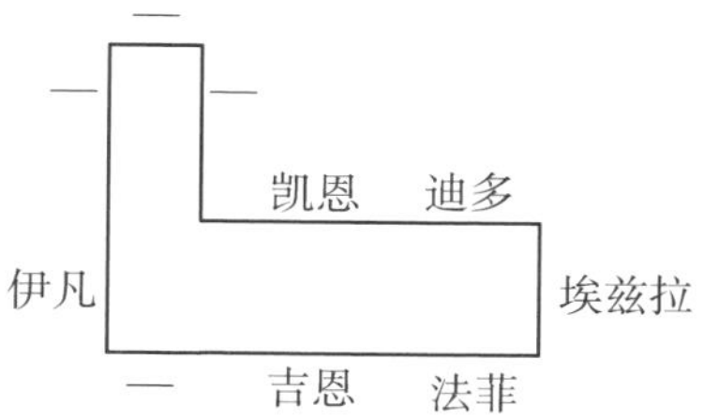

Ⅲ

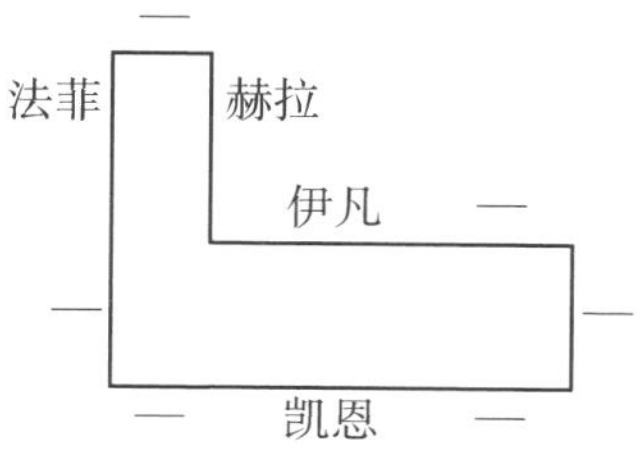

根据(2)和(3)，这四个位置是被两对夫妇所占，因而正确的位置组中必定出现两对夫妇。

位置组Ⅰ(坐法Ⅰ的一部分)中的四个位置不可能为两对夫妇所占(前述(a)、(b)和(c)这三种可能的夫妻关系在此都不可能成立)。在位置组Ⅱ(坐法Ⅱ的一部分)中，(a)为其中的四个位置给出了一组可能的夫妻关系：凯恩–

法菲，伊凡–迪多；(b)也为其中的四个位置给出了一组可能的夫妻关系：吉恩–迪多，伊凡–法菲。在位置组Ⅲ(坐法Ⅲ的一部分)中，(b)为其中的四个位置给出了一组可能的夫妻关系：凯恩–赫拉，伊凡–法菲。

想起凶手和被害者的性别相同，他们的配偶也是性别相同，凶手和被害者相对而坐，他们的配偶也是相对而坐，我们可以发现，位置组Ⅱ中的两组夫妻关系都是不可能的。

于是，(b)中的夫妻关系是正确的，从而Ⅲ是实际上的坐法。

根据(7)，赫拉不是凶手。根据(2)和(5)，凯恩和法菲也都不是凶手。因此，**伊凡是凶手。**

★答案 99

先不考虑立方体主人的话，我们将看到，立方体各面的图形安排有三种可能。其中的两种将用主人的话加以排除。

任何一种图形或是出现一次或是出现两次。我们选择一种图形进行推理。选择哪一种图形合适呢？由于与●出现在同一幅视图中的包括所有其他四种图形，○也是如此，因此，如果假定●或○只出现一次，则其他四个面上的图形可以立即推导出来。

我们选择●，如前所述，存在两种可能：●或是出现一次或是出现两次。

假设●只出现一次，则根据视图2，可得：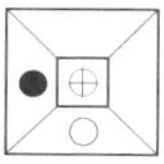。于是，根据视图3，可得：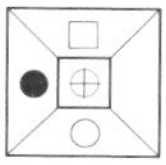。最后，根据视图1，可得：

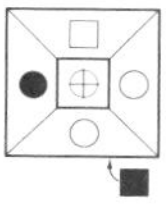 或 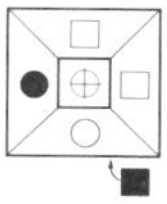。

Ⅰ　　　　Ⅱ

假设●出现两次，则其他每个图形都只出现一次。于是，视图1中的○和视图2中的○是一回事。因此，根据视图1，可得：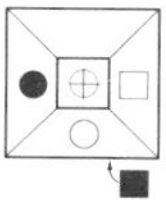。于是，根据●出现两次的假设，可得：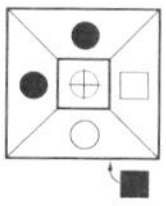。可验证视图3与这个假设相符。

Ⅲ

在下表中，对于上述三种可能，在每个视图项下记录了相应的底面图形，同时还记录了相应的出现两次的图形。

		底面图形			出现两次的图形
		视图1	视图2	视图3	
Ⅰ	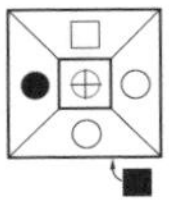	●	■	⊕	○
Ⅱ	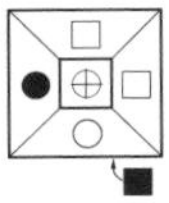	□	■	⊕	□
Ⅲ	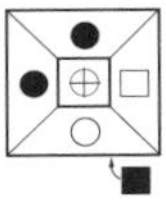	●	■	⊕	●

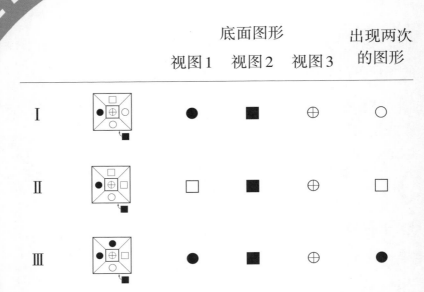

根据主人的话，Ⅱ和Ⅲ是不可能的。因此，Ⅰ是正确的，**出现两次的图形是○。**

★答案 100

根据(7)，凶手与被害者的性别不同。根据(3)，被害者和凶手各坐在一个与自己性别不同的人的对面。于是，根据(1)和(2)，一部分的座位安排必然是下列二者之一(M代表男士，W代表女士)：

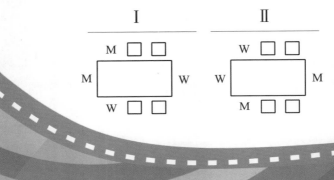

Ⅰ

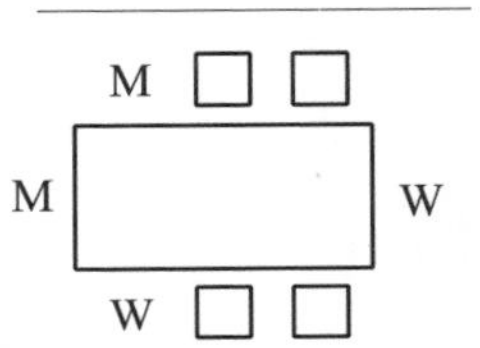

Ⅱ

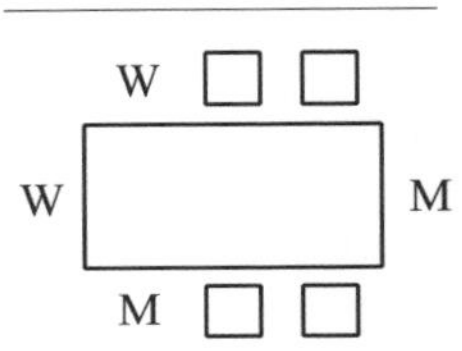

坐在被害者旁边的不是男士就是女士。根据(3),此人与坐在其对面的人性别不同。如果坐在被害者旁边的是一个男士,则不可能既把Ⅰ或Ⅱ补齐,同时又满足(4):根据(4),至少有一个男士坐在两个女士之间,因此,下面的Ⅰa、Ⅱa和Ⅱb是不可能的;根据(4),至多只有一个男士坐在两个女士之间,从而下面的Ⅰb也是不可能的。

Ⅰa

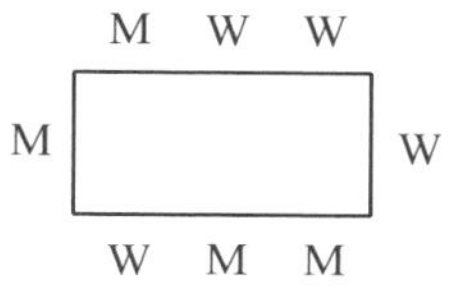

Ⅰb

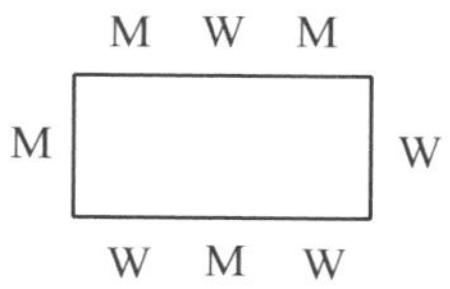

Ⅱa

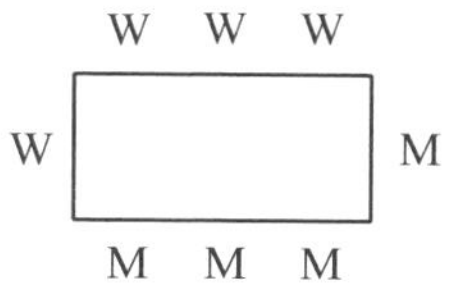

Ⅱb

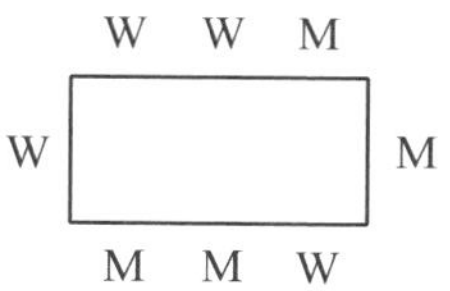

因此,坐在被害者旁边的必定是个女士,而且根据(3),坐在她的对面是个男士。在安排Ⅰ中,如果有一个女士坐在这个被害者女士的旁边,则不可能既把这种安排补齐,同时又满足(4):根据(4),至少有一个男士坐在两个女士之间,因此下列的Ⅰc是不可能的。在安排Ⅱ中,如果一个男人坐在这个女士旁边,则不可能既把这种安排补齐,同时又满足(4):根据(4),至多只有一个男人坐在两个妇女之间,从而下列的Ⅱc也是不可能的。

Ⅰc

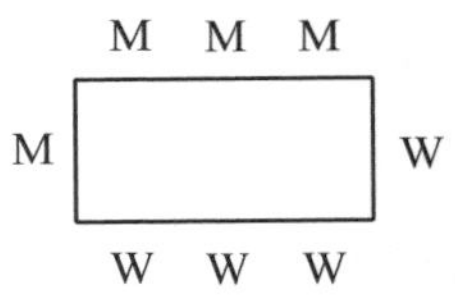

Ⅰd

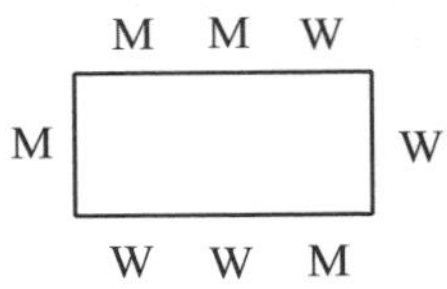

Ⅱc

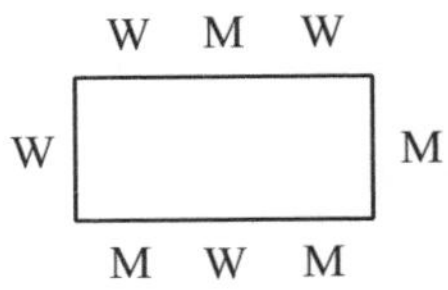

Ⅱd

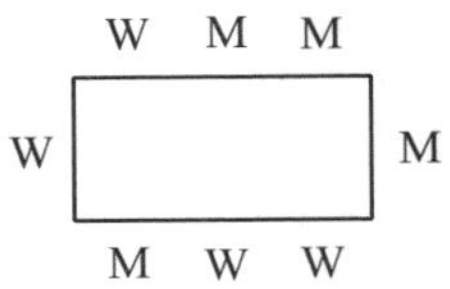

因此不是Ⅰd就是Ⅱd是正确的座位安排。在这两种情况下,可用(3)和(4)判定男主人和女主人的座位,用(5)判定坐在男主人旁边的女士,用(3)判定坐在这些女士对面的各个男士。于是下列四种安排中,必有一种是正确的。

Ⅰd_1

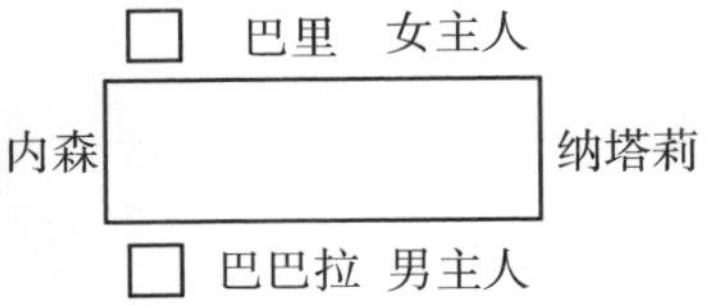

Ⅱd_1

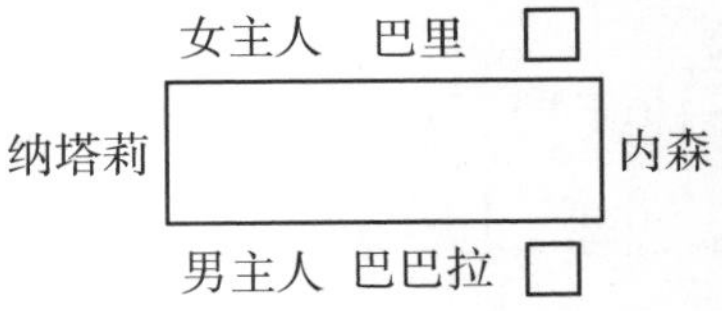

Ⅰ d_2

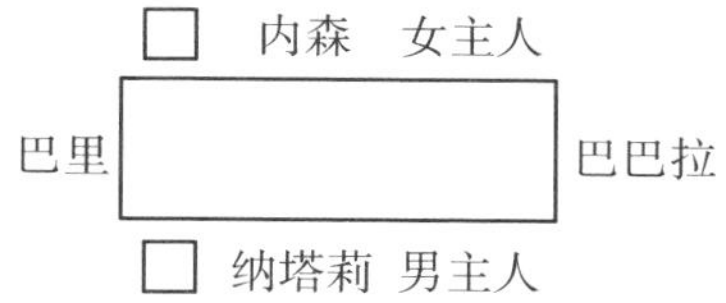

Ⅱ d_2

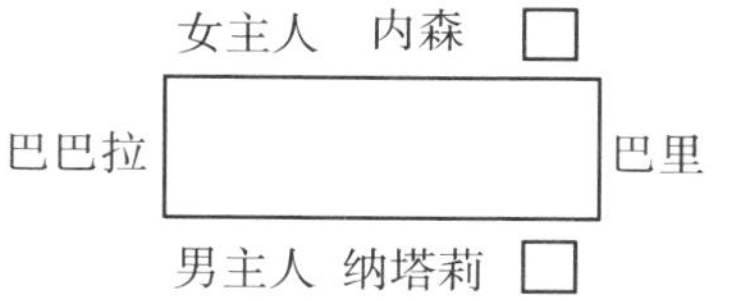

根据(6)，Ⅰ d_1和Ⅱ d_1是不可能的。既然现在只剩下一个男士和一个女士尚待确定，补齐安排Ⅰ d_2和Ⅱ d_2就是一件很容易的事了：

Ⅰ d_2

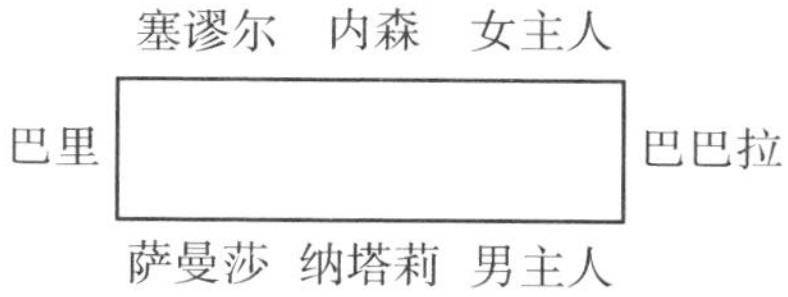

Ⅱ d_2

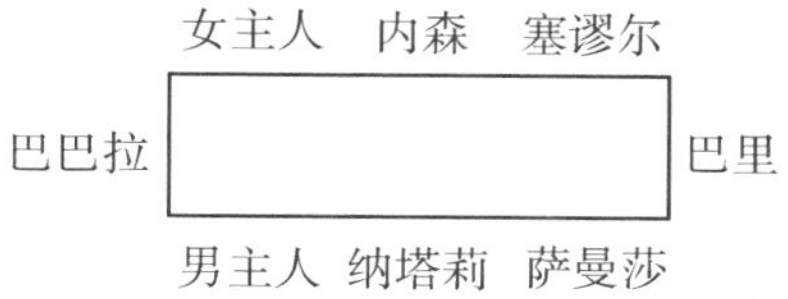

根据(1)、(2)和(7)，Ⅰ d_2是不可能的，因为萨曼莎和巴里是姐弟关系（萨曼莎是男主人的姐姐，巴里是男主人的弟弟）。因此，Ⅱ d_2 是正确的座位安排。

于是，根据(1)和(2)，**男主人是被他弟弟的妻子——巴巴拉所杀害。**

NEW PUZZLES IN LOGICAL DEDUCTION

George J. Summers

责任编辑 卢 源 朱惠霖
装帧设计 杨 静

数学思维训练营
乔治·萨默斯的趣味数学题
[美]乔治·J·萨默斯 著
林自新 译

出版发行 上海科技教育出版社有限公司
（上海市闵行区号景路159弄A座8楼 邮政编码201101）
网 址 www.sste.com www.ewen.co
经 销 各地新华书店
印 刷 上海昌鑫龙印务有限公司
开 本 720×1000 1/16
印 张 20.5
版 次 2019年8月第1版
印 次 2024年2月第2次印刷
书 号 ISBN 978-7-5428-7038-4/O·1087
图 字 09-2012-483号
定 价 78.00元